U0187772

我们的极光

十一堂魔力极光课

［挪威］保罗·布雷克 著

王扬 译

GUANGXI NORMAL UNIVERSITY PRESS
广西师范大学出版社
·桂林·

序言

2017 年秋天，我受广西师范大学出版社的邀请，前往北京和上海，宣传我的新书《我们的太阳：十一堂极简太阳物理课》，同时做了几次演讲。我受到出版社工作人员的热烈欢迎，并且参观了几所学校，和学生们讨论了太阳，以及它在宇宙当中处于怎样的位置。能够和如此多富于好奇心的小学生以及循循善诱的他们的老师交流，实在是个惊喜。很显然，中国的学校教育教会了孩子们很丰富的科学知识。

广西师范大学出版社还联系了挪威驻华大使馆、挪威驻上海总领事馆，他们共同为我组织了活动，让我有机会向中国的孩子谈论太阳与北极光。

在那次访问期间，广西师范大学出版社邀请我撰写一部以北极光为主题的作品，书名是《我们的极光：十一堂魔力极光课》。在书里，我将主要讲述北极光的故事：从古老的神话到现代人对极光的研究，以及人们前往极地旅行的目的之一——寻找极光。

我希望中国的小读者能够喜欢这本书，从中了解大自然当中这一壮观景象的知识，进而对太阳与极光之间的联系充满兴趣，这可能会激励他们在长大后从事自然科学方面的事业。未来，我们需要有这样的人才来推动这个世界的发展。

晴朗冬夜中的北极光，是大自然中最壮观、最令人叹为观止的景象之一。不同于自然界中的其他光现象，它们色彩炫目、形态曼妙、摇曳多姿。很少有人会在欣赏过北极光后不为所动，这种奇观往往会给人留下终生难忘的记忆。

数千年以来，居住在世界北端的人们被这间或照亮夜空的壮观景观所震撼。这一奇异的景象也深深植根于许多文明的神话传说当中。

已经有数百种传说或理论用来解释这种天上的光芒，即探寻北极光的成因。一些人认为这只是阳光反射的结果，一些人则认为这是一种特殊的发光气体。另一些人认为它是云层，甚至是流星的尘埃发出的光芒。还有一些人认为它是一种磁性液体，从北极的地表渗漏出来，跟随着地球的磁场运动。

如今，我们了解到，北极光是太阳的带电粒子产生的。这些粒子被地球磁场捕获，并被引导至极地地区。进入地球大气中时，它们会与大气中的原子和分子发生碰撞，从而发出颜色各异的光芒。而更神奇的是，这极光的源头距离我们竟然有 1.5 亿千米之远。

这本书将通过十一堂课，向你讲述有关极光的故事。

我们会从古老的神话传说讲起，一直讲到对于这种光现象产生的各种解释。这本书还会告诉你我们应该如何推断极光发生的时间和地点，以便能够亲眼看到它。而如果你刚好有机会来到地球的北端，你也应该学会如何自己拍摄照片。

如果仅仅是欣赏极光的美丽，并不需要了解它形成的物理机制。然而，进一步了解是什么使得曼妙的光芒在天空中翩翩起舞，可以为这非凡的体验提供更加丰富的角度。另外，观察极光这一活动并不需要携带过多的设备，通过双眼，你便能感受极光的美丽。

我希望，这本书能够激发你前往那些可以看到极光的地方旅行的兴趣，同时为你提供一些有关这神奇的光现象本身有趣的事实。

　　感谢编辑部对我的信任，我很高兴地接受邀请为本书作序。我认为这本书的内容是非常不错的，尤其适合每天忙于学业的中学生作为课外读物来拓宽自己的知识面。极光，作为等离子体研究领域中一种特殊的发光现象，主要是来自太阳的带电粒子在受到地球磁层磁力线俘获作用后，与地球上层大气相互作用产生的结果。极光所处的电离层像一面巨大的镜子，是我们日常无线电通信、卫星导航、雷达定位的必经之地；而极光的变化，则像是看得见的电离层扰动，在一定程度上影响着我们的电波传播。

　　本书层次分明、图文并茂地讲述了与极光相关的历史、溯源和对人类现代生活的影响。本书开篇通过大量关于极光的神话传说、文艺创作，不断拉近极光与我们人类的距离；通过讲述科学家长期不断的探索和研究，力求将与极光相关的专业性科学知识讲解得通俗易懂。读者还能从书中学到实用性较强的观测和拍摄极光的小技巧。

　　谈到原著作者保罗·布雷克，我也算是他的校友，更是他的学生。受聘于挪威斯瓦尔巴德大学中心，保罗每学年都会来到学校为学生们带来"从太阳风暴到地球磁暴"的公开课。这让来自世界各地、身处北极的学子们，不仅能够领略来自大自然的馈赠——极光，更能用科学的眼光去看待它。作为一名出色的太阳物理学家和天体物理学家，保罗难能可贵的是他长期且富有热情地活跃于科研学术界和科普教育界，将科学研究与人类生活紧密地衔接起来，通过生动形象的文字和音视频将大自然赐予我们的极致之光娓娓道来。作为一名科学家，保罗无数次的演讲为太空研究的普及做出了贡献。

　　尽管受地缘限制和历史因素的影响，我国对极光和太空的探索起步相对较晚，但随着我国综合国力的增强，我国的空间科学研究水平也在不断提高，并且在某些关键研究领域处于国际领先水平。随着我国空间环境地基综合观测网的不断完善，"神舟"系列飞船的不断发射，"探月工程""火星探测"任务的持续开展，我国的空间探索也在逐步迈向深空。在此，我也希望翻阅过此书的您，能够从中获益，更希望您能热爱科学，仰望星空。在不久的某一天，我相信您也会置身于这瑰丽的极光之下，感受大自然的静谧与美好！

陈相材

2020 年 5 月 27 日

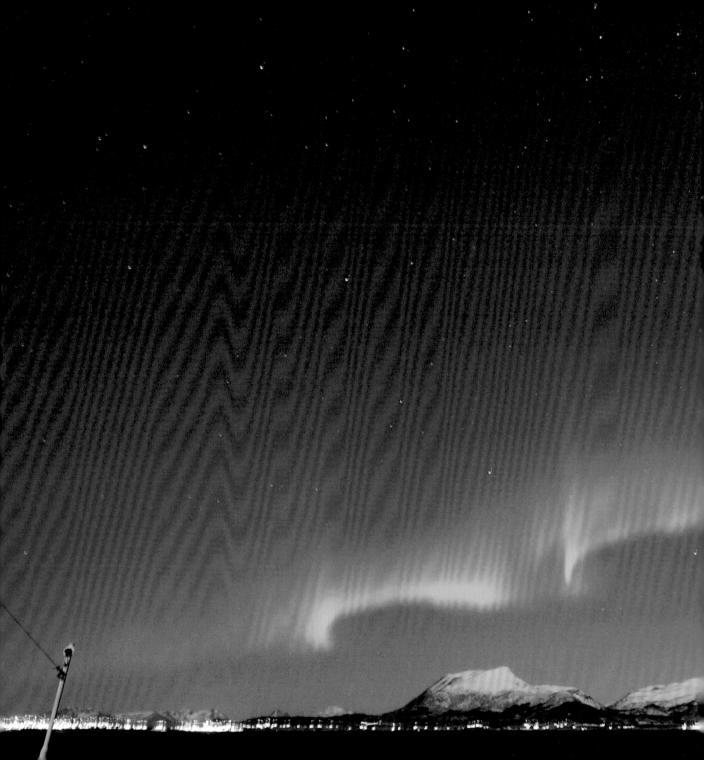

目录

妙趣横生的极光传说

在世界的北方，每一种文化中可能都有关于极光的口头传说，世世代代流传至今。在挪威北部的维京人聚居区便可以看到十分壮观的极光景象，当地人把它当成"彩虹桥"（Bifröst），也就是传说当中连接地球与众神的天桥。

另一种解释是说极光乃是女战士——女武神（Valkyries）的盾牌反射的光线。她们护送死去的战士前往死后要去的殿堂，也就是瓦尔哈拉殿堂（Valhalla）。

︿ 瓦尔哈拉殿堂（1896），马克斯·布鲁克纳拍摄

﹀ 一幅描绘女武神护送死去的战士前往瓦尔哈拉殿堂时遇到彩虹桥守护神海姆达尔（Heimdallr）的插画（1906），作者是洛伦兹·弗瑞奇

萨米人有许多关于极光的传说

　　住在挪威北部的萨米人认为，极光是一种神灵，它可能会
抓走或杀死那些不尊重它的人，所以直到今天，很多萨米人仍
然不会对着极光指指点点或是吹口哨。

在过去的挪威，大人们要求孩子们永远都不要对极光不敬，不可以对着它笑或是吹口哨。"如果你对极光不敬，它就会一路落到地面来惩罚你。"大人们这样说。

在那个年代，有些人禁止孩子们在极光出现时外出玩耍，因为担心他们会被杀掉。另外一些人则认为，只要戴上帽子就没事，因为这样极光就没法烧到他们的头发了。

在挪威，人们经常告诉孩子们挥动白色的衣服会增加极光的运动，挥得越起劲，极光的活动就会越强烈。

> 如这幅木刻版画所示，孩子们挥舞着白色的衣服。它的作者是平面艺术家乌尔夫·德雷尔

^ 有时极光会形成像脸一样怪异的形状，难怪人们会把它跟神灵或是死人的灵魂联系在一起（资料来源于保罗·布雷克）

在挪威和瑞典，人们通常认为极光是海里一大群鲱鱼或其他鱼反射光线的结果。当鱼群在水面游动时，它们反射的光线聚成一束强光射向天空，人们感觉那仿佛是来自天堂的光。

在丹麦有一个浪漫的民间传说，说的是一群天鹅本想飞往遥远的北方，却不幸被困在冰层当中。每次它们扇动翅膀，就会反射光线，极光便由此产生。

还有很多传说认为，极光所在之处是死者灵魂寄居之处，尤其是那些因暴力或战争英年早逝的人、死于分娩的人的灵魂寄居之处。

▲ 根据丹麦一个民间传说，天鹅被困在冰里，极光是由于它们扇动翅膀而产生的 ［资料来源于 I. 桑达尔（I. Sandahl）］

也有人认为极光是死去的少女在空中舞蹈，或是挥舞她们的手套时所反射的光线

16

∧ 这幅版画描绘的是 1591 年出现在德国纽伦堡的极光，作者将它表现成了火的形态

一些文化则认为极光代表着来自上天的讯息。一个来自北欧国家的古老传说里说："极光燃起，上帝发怒。"极光预示战争、灾难或瘟疫即将来临。

还有一种传说，认为极光代表着祖先的家园。当极光划过天空时，表明逝者希望同亲人们取得联系。

在因纽特人的聚居区，人们认为极光跟亡灵有关，比如格陵兰岛的因纽特人相信极光代表着未能顺利降生的孩子的亡灵，他们正在把海象的头当球玩耍。快速移动的极光被称为"死亡之舞"。

在拉布拉多的因纽特人中有另一个传说：在海洋和陆地的尽头有个巨大的深渊，在深渊的上面有一条通往天堂的小路，但极其危险。亡灵们可以通过它升入真正的天堂，但在这条道路上，有很多自杀者或死于暴力者的魂魄徘徊不去，阻挠那些前往天堂的亡灵。而住在天堂里的亡灵则经常会燃起火把，为新来的亡灵照亮道路。他们的火把便成了极光。

有时候，极光会发出噼啪声或口哨声，那是亡灵试图跟地球上的人们交流时发出的声音，它们低沉而沙哑。

苏格兰人将极光称为"欢乐的舞者"。传说这些欢乐的舞者是超自然的生物，它们在天堂厮杀，为的是一个美丽的女人。

▲ 这是一幅孩子们把海象的头当球玩耍的插画（资料来源于I.桑达尔）

▲ 曼丹印第安人仰望极光（取材自 1844 年博德默·卡尔的画作）

北美的印第安人同样把极光看成是在天空中翩翩起舞的神灵。北达科他州的曼丹印第安人对极光有一个有意思的解释。他们认为极光来自天上一口巨大的锅下面的火光。在那里，北境国家的伟大巫师和战士们正在惩罚他们的敌人。

在冰岛，传说怀孕的女人不可以抬头仰望极光，否则她们的孩子生下来就会是斜眼。

在俄罗斯，人们将极光与奥尼尼·齐梅（Ognenniy Zmey）——火龙联系在了一起。据说，这条龙会在丈夫外出时引诱独自在家的妻子。在苏格兰、设得兰群岛和奥克尼群岛，极光又被称为"米莉舞者"（The mirrie dancers）或"娜·菲儿-克里斯"（Na fir-chlis），人们用这两个称呼来形容极光的敏捷或活泼。它们的舞蹈通常以打斗结束，经常被看成是坏天气的预兆。

◁ 1652 年的一份手绘草图，包含了中国古代的极光记录

在中国，人们可以找到很多有关极光的古老资料。比如，成书于一千多年前的《伏侯古今注》记载了公元前 30 年出现的两次极光现象：

夜有黄白气，长十余丈，明照地，或曰天裂，或曰天剑。

这是世界上最早的极光记录。

在中国，极光被认为是巨龙在空中战斗时发出的火焰。

极光在中国是罕见的天象，往往是太阳的重大活动产生的，所以古代的中国人自然对偶尔出现并且映亮天空的极光心存敬畏。

据说，中国早期很多跟龙有关的传说都是因为极光产生的，人们认为这些极光是祥龙与恶龙在交战时向空中喷出的火焰。

还有一种传说，人们认为看到极光代表好运及幸福。想要怀孕的妇女，如果看到极光，向其许愿便可如愿受孕。这简直不可思议！

极光的传说还有很多种，它们都充满了神话色彩，激发了人类无限的幻想和想象。

第二堂
你所不知的极光之名

在人类历史中，北极光被赋予了很多名字。一千多年前，住在挪威的维京人用他们的语言称极光为"Norðurljós"，意思是"北方的光"，因为它们通常会出现在北方的地平线上。这个名字第一次出现在《国王之镜》这本书当中，可能是维京人对北极光的专门称呼。另外还有一个名字"vigroði"可能也指代北极光，但这个词的意思相对模糊，它指的是偶尔出现的红色天空。

︿　这幅 1899 年由格哈德·蒙特绘制的画作，描绘了北极光之下的维京船只（来自《挪威皇家萨迦》，1979）

▲　在黑暗的冬夜里，驾船航行的维京人可以清楚地看到北极光

　　挪威人给北极光取的名字有很多。由于人们经常把北极光当作大风来袭的征兆，所以北极光通常被称作"风之光"或"风之微光"，"气象之光"也是一个常用的名字。就像前面提到的，由于人们认为北极光是鱼群在海面游动时反射的光线，所以渔民们也会把北极光当作鱼群出现的征兆。挪威北部的很多渔民相信北极光可以指引他们找到鱼群，尤其是鲱鱼，因此他们也把北极光叫作"鲱鱼之光"。"鲱鱼之光"也是瑞典人通常对北极光的称呼。

▲ 在芬兰的民间传说中，人们认为是北极狐造成了北极光（资料来源于 E. 卡瓦宁）

芬兰人把北极光叫作"revontulet"，通常可以翻译作"狐火"。在一个民间传说当中，一只北境之地的北极狐长着一身闪闪发光的皮毛。在它奔向远方的过程中，它的皮毛触碰到岩石、树枝或其他物体时，就会发出光芒，北极光便由此产生。

△ 萨米人把北极光叫作"Guovssahas"，意思是可以听到的光（资料来源于玛格丽莎·威克/特罗姆瑟博物馆）

　　在格陵兰，人们把北极光叫作"Alugsukat"，它来自一个有关秘密降生的孩子们的神话。

　　萨米人称北极光为"Guovssahas"——可以听到的光。有许多人坚持认为他们看到极光运动的同时能听到一些噼啪作响的声音。实际上，声波不可能在太空中传播，所以极光不可能有声音传播到地面上。因此，科学家们仍在努力研究，试图解释这一现象。

伽利略·伽利雷
北方的黎明

ᴧ　伽利略·伽利雷只观察到了红色的北极光，所以称呼它为"Borealis Aurora"

北半球的极光现象在科学上的学名是"Aurora Borealis"，它来自拉丁语，意思是"北方的黎明"。Aurora（奥罗拉）是希腊神话中的黎明女神。意大利科学家伽利略·伽利雷（Galileo Galilei，1564—1642）在意大利的山峰上观测到了红色的北极光后，第一次用"Borealis Aurora"来称呼它。当北极光非常活跃时，它会朝南移动。而当这种现象出现在低纬度地区时，北极光通常会呈红色。

法国天文学家皮埃尔·格森迪（Pierre Gessendi）在1621年9月12日一次大型极光现象出现后，将伽利略的用语调整成了"Aurora Borealis"。

"Aurora Borealis" 自此以后一直是北极光的正式名称。

有趣的是，18世纪30年代，瑞典科学家安德斯·塞西尔思（Anders Celsius）反对使用 "Aurora Borealis" 这个名字，建议采用另一个拉丁文名字 "Luminis Borealis"，即"北方之光"。他的提议得到了很多斯堪的纳维亚作家的支持。他的提议很接近维京人最初给北极光起的名字 "Norðurljós"。

➤ 奥罗拉是希腊神话中的黎明女神。在这幅图中，她正在通过手中的两只大花瓶倾倒阳光，驱散黑夜，使白昼降临人间

南半球的极光现象被称为 "Aurora Australis"（南方的黎明），也被叫作"南极光"。和它的北方兄弟一样，南极光在以南磁极点为中心的椭圆形区域表现得最为强烈。到目前为止，南半球观测极光的最佳地点是南极洲或靠近南极洲的地方。在第十堂课中，你将会了解到有关如何观测南极光的知识。

第三堂
极光的声音

可以听见的光

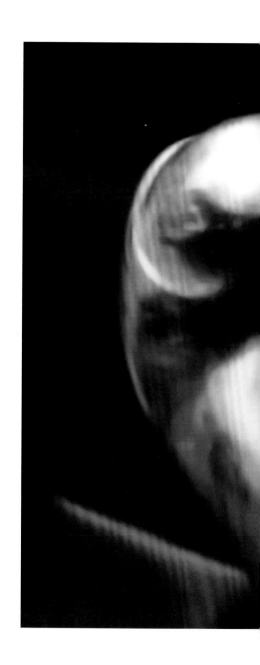

有很多关于强烈的极光伴随着声音的故事。很多人声称他们能够听到一些噼啪作响的声音——通常与极光的运动同步。有些人把这些声音描述为类似无线电噪音波动电流干扰信号的声音，又或是折叠铝箔时发出的声音。

1911 年，罗尔德·阿蒙森远征南极时提出了一个有趣的解释。他的一个探险队员哈贾马尔·约翰森在日记中提到，罗尔德·阿蒙森从外面回来后告诉同伴们，他能够听到自己呼出的气在空气中被冻住的声音。约翰森和同伴普雷斯特鲁德到外面验证，同样听到了噼噼啪啪的声音——就像他们在斯瓦尔巴看到强烈的极光时所听到的声音。然而，当他们停止呼吸或把头转向不同的方向时，声音就停止了。所以他们认为，他们看到极光时所听到的声音是呼出的水蒸气在人的面前被冻结成了冰，才发出了声音。

> 很多文化中都有关于极光声音的故事

极光发生在距地面 80 千米以上的高空，那里的大气层几乎处于真空的状态。由于声波不可能在气压如此低的空间内传播，所以即便极光可以发出声音，也无法向下传播到地面。基于这个事实，有人认定在极光发生时能听到声音，只是出自当事人自己的想象。

关于极光能否发出声音的争论一直持续到了今天。科学家们仍在试图寻找一个物理解释。以前，极光噪声的主要理论之一认为极光的声音可能与树木的针叶或松果有关。在地磁风暴期间，大气会容纳异常高的电场，从而在空气和地面物体之间产生电荷差异。而任何尖锐的东西，比如针叶，都能提供完美的放电表面，就像冬天时人的手指在触摸门把手时很容易感受到静电冲击一样。根据这个理论，极光便能够发出可以被人听到的放电声。

最近，一组芬兰科学家声称找到了这个未解之谜的答案。他们在极光活动频繁的时候，使用一系列麦克风对声音的来源进行三角测算并得出了结论，这些声音的来源距地面的高度比极光的源头要小得多。它们似乎产生于离地 70 米左右的空中。

于是他们认为，这个问题的答案可以追溯到寒冷夜晚在大气层中形成的带电粒子。当来自太阳爆发的物质猛然撞击地球时，这些粒子会迅速释放，产生噼啪声和其他声音。

这一结果似乎为反驳极光的低语来自北境之地的神话提供了第一个确凿的证据。而萨米人对极光的称呼"可以听见的光"，倒似乎有了几分道理。

◄ 1911 年，罗尔德·阿蒙森探险队在南极点（资料来源于挪威国家图书馆）

第四堂
极光的文艺之美

绚丽多彩的北极光充满奇幻和魔力，激发了人们的想象。《史密森杂志》的前高级科学编辑劳拉·赫尔穆特（Laura Helmuth）前些年动情地写道："试着想象一下你所见过的最绚丽多彩、层次丰富的日落，然后让它在一片清澈明朗、繁星满天的空中旋转、跳动。"难怪即便时过境迁，极光也一直都为人们所敬畏。

极光是许多画家、作家和音乐家的灵感源泉。

在照相机发明之前，探险队中通常会有画家，他们会帮助科学家描绘极光的形态。这样的合作也往往会产生优美的画作。许多画家都创作过非常美丽、逼真的极光绘画和石版画。

在 1860 年至 1861 年的北极探险中，探险家艾萨克·伊斯雷尔·海耶斯目睹了令人惊叹的极光。对于当时壮观的景象，海耶斯描述道：

光线越来越强，一开始是不规则地迸溅，现在稳定了下来……天上的景象一开始平淡无奇，最后却辉煌得令人惊叹。我头上的广阔穹顶全都燃烧了起来……光的颜色主要是红色，但也并非一成不变，每一种色彩都混合在这壮观的景象里。蓝色和黄色的彩带在血红色的火焰里嬉戏；有时，它们会从耀眼的拱门宽阔处并排绽开，彼此融为一体，在人脸和周遭景物上投下一道幽灵般的光彩。同时，这种绿会覆盖血红；蓝色和橙色在极速的移动中结合在一起；紫罗兰色的飞矢划出一道宽阔的黄色火焰和无数的白色火焰，汇集在一处，直冲天际，舔舐着夜幕。

画家弗雷德里克·埃德温·丘奇（Frederic Edwin Church）在创作《北极光》时参考了这一描述，以及海耶斯带回的北极光草图。

∧ 1865 年，弗雷德里克·埃德温·丘奇的画作《北极光》，其中描绘了艾萨克·伊斯雷尔·海耶斯博士的北极探险船。这幅基于实地草图和描述完成的作品成了海耶斯探险队远征的证明（资料来源于华盛顿特区，史密森尼博物馆）

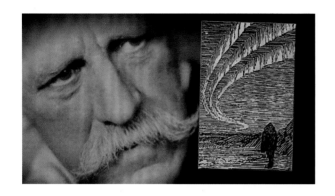

< 挪威探险家弗里德乔夫·南森的一幅北极光木刻画，收录在他于1911年出版的《北方薄雾》一书中。他在书中描绘了自己在冰上行走，头上闪烁着带状极光的情景

挪威极地探险家弗里德乔夫·南森恰如其分地描述了自己在一次北极探险中，亲眼看到北极光的感受。以下内容节选自他的作品《极北》，这是他在被冰封住的船"法拉姆号"上写下的：

今天晚上我在甲板上，心情相当阴郁，但一到外面就被震撼到了——我看到了极光。那是超自然的景象——北极光以无与伦比的力量和美丽贯穿天空，闪烁着彩虹般的五颜六色。最初是黄色，然后慢慢摇曳着变成了绿色，接下来是一颗颗闪闪发光的红宝石，在光线底部闪烁——很快染遍了整个光弧。虽然我穿得很少，冷得直抖，但我还是忍不住注视着这一切，直到结束。

另一位挪威探险家罗尔德·阿蒙森描绘了他在考察期间看到的南极光："一个人不可能不怀着敬畏之心观赏如此美丽的景象，它的美丽在震颤中渐渐褪去。"

⋀ 1838—1839 年，一支前往挪威阿尔塔的法国科考队中的一位成员绘制的作品

▲ 一位不知名的艺术家所作的旧铜版版画。这位艺术家将极光描绘成巨大枝形吊灯中闪闪发光的冰柱

不少诗歌也描述过北极光，它显然是许多作家重要的灵感源泉。也许没有人能比奥匈帝国的北极探险家朱利叶斯·冯·帕耶（Julius von Payer，1841—1915）更加准确地对北极光进行描述了。他曾写道："没有一支铅笔能描绘它，没有一种色彩能表现它，没有任何言辞可以叙述它的壮观无匹。"

　　1883年，著名的挪威作家西奥多·卡斯帕里以这样的一句诗给他的作品收尾："你之于我，极光，便是生命的象征。"这首诗写在挪威最早的两个北极光观测站落成的时候。后来，特罗姆瑟北极光观测站的工程师威利·斯托夫·雷根还为这首诗谱了曲子。

▲　挪威作家西奥多·卡斯帕里

威利・斯托夫・雷根为西奥多・卡斯帕里的诗谱的曲

在互联网上进行搜索，你会发现无数与极光相关的音乐专辑或歌曲。

比如，在挪威北部的特罗姆瑟，每年2月都会举行为期一周的"北极光节"，内容从科普讲座到爵士音乐会、艺术展览，包罗万象。而在欣赏过一场以北极光为主题的音乐会之后，有什么能比走进冬夜，在当时当地偶遇一场北极光更美妙的呢？

2012年，普利策音乐奖得主、作曲家保罗·莫拉维奇发行了一张新专辑《北极光之电》（*Northern Lights Electric*），收录了由波士顿现代管弦乐队演奏的四首乐曲。这张专辑名字表达了作曲家希望可以在音乐中捕捉到北极光的美丽，而他本人确实曾在新罕布什尔州亲眼看见过北极光。

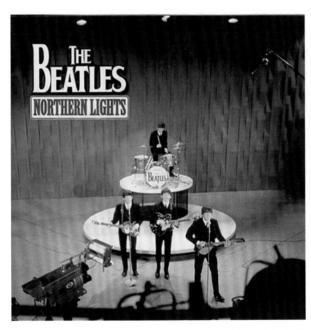

▲ 披头士《北极光》专辑

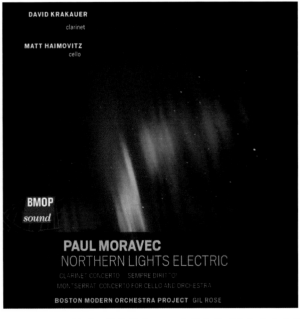

▲ 保罗·莫拉维奇2012年的专辑《北极光之电》

2013 年，挪威阿尔塔的北极光大教堂落成，这是一座纪念——并补充——北极光风光的地标性建筑。北极光是这里的标志性风光。教堂的整体轮廓呈螺旋式上升状，最高点钟楼顶端距地面 47 米。教堂外部表面镀有钛，可以反射北极地区漫长冬夜里的北极光，使这一景观进一步升华。

　　教堂的地下室里有一个全新的互动中心，游客可以在那里探索神秘的北极光。它用最先进的现代技术来展示科学事实和神话传说。

　　2015 年 9 月，中国举办了主题为"极光墨海——重塑的风景"的展览，作品是 8 位参展艺术家前往南极实地感受之后，所展现的不一样的冰雪风景。参展艺术家以水墨、宣纸、绢等传统中国画材进行风景再创作，在融合个人风格特点的同时，又对已有的绘画语言进行了突破。

◀　挪威阿尔塔的北极光大教堂（资料来源于安德烈亚斯·霍尔多森）

第五堂
有关极光的早期研究

挪威第一次有关极光的可靠描述，可以追溯到公元 1230 年左右的挪威编年体史书《国王之镜》。它最初是一本教科书，可能是为国王马格努斯·拉贾伯特的儿子们而作。

当时的人们认为地球上的陆地是一个平面，四周被海洋包围。那时关于极光的解释有三种：一种认为包围着陆地的海洋又被火焰包围，极光是反射到天空上的火光；另一种是地平线之下反射的阳光映亮了天空；还有一种则认为极光是由格陵兰冰川上的火光的反射形成的。

▲ 编年体史书《国王之镜》提供了一些早期有关极光的可靠描述

∧ 《国王之镜》中对极光的三种解释通过后来的科学家 I. 桑达尔的插画有了很好的呈现。上面三幅图按逆时针方向依次是陆地周围的火光，阳光的反射，以及格陵兰冰川火光的反射

大约 500 年后，瑞典牧师、科学家苏诺·阿尼利乌斯（Suno Arnelius，1681—1740）在 1708 年发表了他的论文，提出极光是太阳光线通过大气层中的冰粒子反射到地球的结果。这些冰粒子来自地球极地地区的蒸汽。一旦太阳落到地平线以下，太阳光线就会被反射，这样就可以从地面上观察到它们。由于冰晶在夏天会融化，所以北极光只有在冬天才会出现。

这一理论在 1724 年得到了挪威牧师延斯·克里斯蒂安·斯皮德伯格的支持。勒内·笛卡尔也提出过相似的理论。

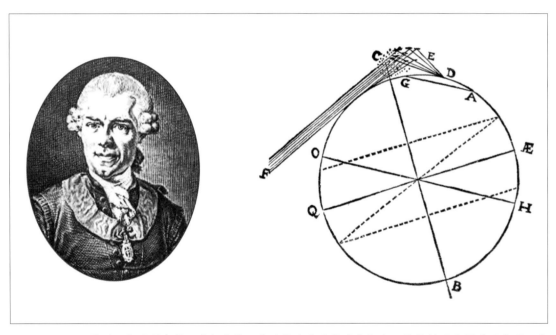

∧ 苏诺·阿尼利乌斯认为极光是日落后被冰晶反射的太阳光。他绘制了右侧的示意图，直线 CF 表示太阳光线，观察者的假想观测位置位于点 D（资料来源于苏诺·阿尼利乌斯的论文，1708）

然而，另外一位挪威牧师乔纳斯·雷默斯认为极光不可能是日光或月光的反射。他的观点与《国王之镜》和阿尼利乌斯的推测都相去甚远。

1868 年，瑞典科学家安德斯·乔纳斯·埃斯特罗姆通过棱镜显示出极光与太阳光是不同的。他的实验同时表明，极光不可能是其他光源反射的结果。

1716 年 3 月 6 日，发生了一次大规模的极光现象，在整个欧洲的大部分地区都可以进行观测，从而催生了更加现代的研究。很多欧洲人认为这是一种全新的自然现象，因为在这些低纬度地区，已经很长时间不曾有极光造访。

埃德蒙·哈雷爵士在那一年发表了一篇有关极光的详细描述的文章。他认为极光是由于极地孔隙中的磁性液体蒸发，随磁场向上移动造成的。此外，他认为极光的弧顶不是指向地理极点，而是指向磁极。他的后一条结论是正确的，而且是一个很重要的发现。

▲ 埃德蒙·哈雷爵士（Sir Edmund Halley）

▲ 这幅图是由一支到挪威阿尔塔地区考察的法国科考队成员在 1838—1839 年绘制的。哈雷认为极光的弧顶指向磁极的方向

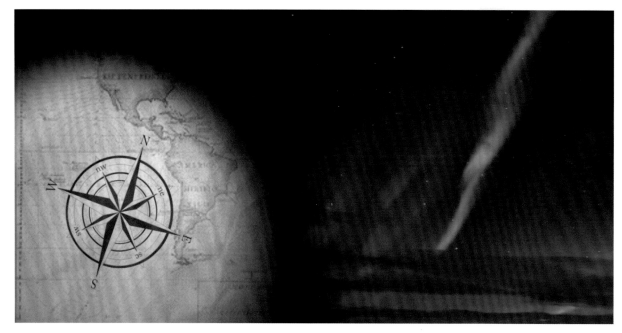

▲ 几位科学家注意到强烈的极光活动和罗盘指针的运动存在相关性

　　瑞典天文学家、物理学家安德斯·摄尔修斯（Anders Celsius，1701—1744）也对极光产生了浓厚的兴趣。他指出，只有同时从几个不同的地方对极光进行观测，我们才有希望了解这种现象。

　　与他同时代的研究者奥洛夫·彼得·奥特（Olof Peter Hiorter，1696—1750）也对极光抱有兴趣，认为它可能与罗盘指针的变化存在联系。他是个细心的观察者。摄尔修斯给了他一根磁针，这根磁针被安装在他房间的桌子上。奥特日日夜夜进行观察，以小时为单位记录指针的位置。他记录下了 6638 次观察结果，最终确定了极光活动与磁针运动之间存在联系。

　　与此同时，英国钟表匠乔治·格雷厄姆（George Graham，1673—1751）在极光出现的过程中观察到了磁干扰。也就是说，奥特和格雷厄姆几乎在同一时间发现了极光与磁扰之间的联系。

挪威天文学家克里斯托弗·汉斯汀建立了几个观测站来进行磁场测量，同时他从在海上航行的船长们那里获得了一些数据资料。他成为第一个指出极光围绕地球地磁极运动，最终形成一个连续的环的人。他绘制的图片成为我们今天所知的第一幅椭圆极光带示意图。

丹麦的索菲斯·特罗姆霍尔特（Sophus Tromholt，1851—1896）建立了一个北极光观测站覆盖网络。他也指出了北极光似乎在北极周围形成了一个发光的环。

< 克里斯托弗·汉斯汀从几个观测站以及在北极航行的船长提供的数据中收集磁场测量数据

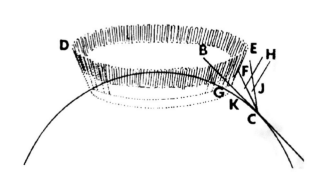

▲ 汉斯汀绘制的一幅插图显示，北极圈周围的北极光呈连续不断的环状。他还展示了对于极光高度估算方法的解释

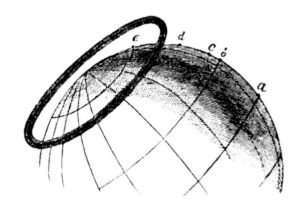

▲ 索菲斯·特罗姆霍尔特绘制的围绕北极的北极光光环示意图

与太阳的联系

　　法国科学家让-雅克·德·迈兰首先提出了极光与太阳的联系。启发他的是 1726 年 10 月 19 日出现在巴黎上空的极光。他认为北极光是由黄道光引起的，黄道光是太阳光被行星际尘埃散射的结果。德·迈兰认为，极光与太阳和地球之间大气的相互作用有关。这个全新的观念对于理解这一现象非常重要。不过，他对于极光平均高度为 800 千米的估计是不准确的。

DE MAIRAN.

︿ 法国科学家让－雅克·德·迈兰（Jean-Jacques de Mairan）

▲ 让－雅克·德·迈兰发表了有关极光的重要作品，提出极光是太阳与地球之间的接触产生的

　　1859 年，英国业余天文学家理查德·卡林顿将一次非常强烈的极光与他在 17 小时之前观测到的一次太阳活动联系了起来。不过，他并没有提出任何物理上的解释。

　　丹麦的一位教师特罗姆霍尔特不但详细记录了极光的出现与太阳黑子之间的变化关系，还进一步指出，极光的出现与 11 年的太阳黑子周期有着明显的关联。

49

克里斯蒂安·勃开兰特出生于 1867 年 12 月 13 日。勃开兰特很早便对磁学产生了兴趣。还在上小学时，他就用自己的零用钱买了一块磁铁。他用磁铁做了很多出人意料的实验和恶作剧，经常惹恼他的老师们。不过，在他日后的科学生涯中，磁学扮演了很重要的角色。

1895 年，他着手进行阴极射线的先驱性研究。阴极射线是真空管中的一股电子流，通过在负电极和正电极之间的高电压产生。阴极射线被用于笨重的老式电视屏幕和电脑屏幕，在平板屏幕出现之前，这类屏幕十分常见。勃开兰特总结出阴极射线由带电粒子组成，可以通过磁场来控制。这些实验是引导他找出极光的成因及其与太阳之间联系的方法。

早在 1896 年，勃开兰特就提出了一个重要的假设：太阳除了发光之外，还会释放出稳定的带电粒子流，这些粒子将被地球磁场捕获并被引导到极地区域，它们便在那里创造出了极光。

当时，几乎没有其他科学家相信勃开兰特的观点，他们认为这只不过是牵强附会。勃开兰特的理论遭到了包括开尔文勋爵和英国科学家悉尼·查普曼在内的多位国际知名学者的强烈反对。

▲ 小时候的勃开兰特（资料来源于挪威科学技术博物馆）

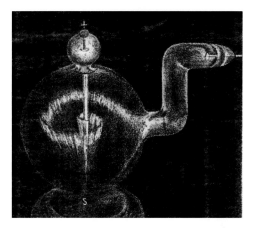

▲ 勃开兰特的"极光罐"示意图，说明了他如何利用阴极射线和磁铁创造人造极光（来自勃开兰特的著作《挪威北极光探险队1899—1900》）

◁ 克里斯蒂安·勃开兰特和斯瓦尔巴特群岛上空的极光

插图：汉恩·乌蒂加德

极光图片：因格夫·沃格特

勃开兰特肖像：路德维希·福贝克——MUV（大学历史博物馆）/UiO（奥斯陆大学）

^ 1910 年做特洛拉实验时的照片。勃开兰特（左）和他的助手卡尔·戴维克（资料来源于 UiO）

特洛拉实验

为了证明自己的理论，勃开兰特建造了一个实验系统，用一个装有电磁铁的模型来模拟地球（被称为"特洛拉"）。特洛拉是一个金属球，里面有一个电磁铁，悬浮在一个密闭的玻璃盒子——所谓的真空室——当中。在电磁铁的作用下，他可以在特洛拉周围建立一个类似于地球磁场的磁场。实验中的大气层是荧光涂料，当受到带电粒子撞击时就会发光。他演示了注入玻璃盒中的粒子在电极周围如何产生发光环。这些粒子会被他的模型行星的磁场捕获，然后被引导到极地区域。他的实验还表明，这些粒子在两极的活动是相同且同步的。

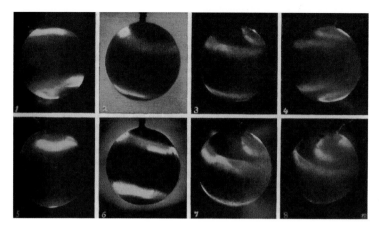

∧　勃开兰特通过改变阴极电流和特洛拉的磁场创造了许多不同形态的极光（资料来源于挪威科学技术博物馆）

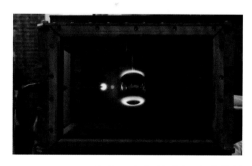

∧　通过一个仿制的勃开兰特模型，你可以创造自己的极光（资料来源于挪威科学技术博物馆）

哈尔德天文台

勃开兰特的一大夙愿就是测算出极光的高度。

1899 年，他在挪威北部城市阿尔塔郊外的哈尔德山和塔尔维克斯托本山建造了两座小型天文台，他的想法是同时从两个天文台拍摄照片，并通过三角测量法来估算出极光的高度。然而，频繁的暴风雪和城里的烟雾，加上 1900 年致命的雪崩，令天文台几乎完全停止了活动。测算极光高度的计划也只能搁浅。

▲ 1899 年在阿尔塔郊外的哈尔德山顶建造的第一座天文台
（资料来源于 O. 戴维克／阿尔塔博物馆）

1912 年，他设法筹集资金，在哈尔德山建造了一座规模更大的永久性天文台。有几位研究者带着孩子和其他家人在这里生活和工作了 12 年。勃开兰特还在北极建立了一个测量磁场变化的站点网络。

勃开兰特一生孤立无援，尤其鲜少得到来自英国一流研究者的支持，他们不相信太阳是极光的来源。1917 年勃开兰特去世后，他的理论便受到英国科学院皇家学会的猛烈抨击，主要批评者是悉尼·查普曼教授。查普曼教授是一位杰出的数学家和物理学家，也是 20 世纪最伟大的空间科学研究者。

▲　新哈尔德天文台户外咖啡时光，1916—1918 年（资料来源于 O.A. 克罗吉斯 / 阿尔塔博物馆）

英国人不相信勃开兰特关于极光的理论，相反，他们坚信另外一种理论，认为极光是由高层大气中的局部电流系统引起的。当英国皇家学会的研究人员发表讲话时，很少有人敢质疑他们所提出的观点。

在勃开兰特去世四十年后，他的名字几乎从奥斯陆大学的教科书上消失了。直到后来，当人们可以从太空卫星上进行测量时，他的极光与磁场扰动理论才得到了证实。

卫星证实勃开兰特的理论

直到将近六十年之后，人类将卫星送入太空，勃开兰特的理论才得到了证实。1959年，苏联的"月球1号"无人探测器在登月途中探测到了太阳风粒子。1962年，在前往金星的途中，美国国家航空航天局的"水手2号"空间探测器探测到了一种运动速度高达300—700千米/秒的带电气体。这证明了太空并不是"空"的，而是充满了粒子——太阳风。

1966年，美国海军的一颗导航卫星在极地附近观测到了磁场扰动。这使得勃开兰特的名字重新回到了国际舞台当中。

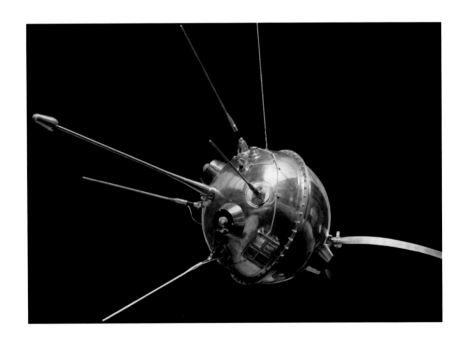

◁ 1959年登月途中，苏联的"月球1号"探测到了太阳风粒子（资料来源于A.莫克利索夫）

1967 年，在勃开兰特 100 周年诞辰之际，国际地磁学与高空物理学协会（IAGA）在桑讷峡湾举办了第一次勃开兰特研讨会。来自全世界的总计 170 名研究者在会上探讨了这个勃开兰特曾是先驱者的研究领域的最新研究成果。研究者们在会上提议将极光的源头命名为"勃开兰特电流"。

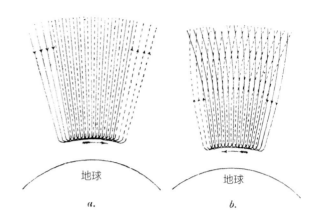

a. *b.*

▲ 勃开兰特电流示意图。勃开兰特认为一定存在可以解释他有关太阳粒子产生极光理论的电流（资料来源于勃开兰特《挪威北极光探险队 1902—1903》）

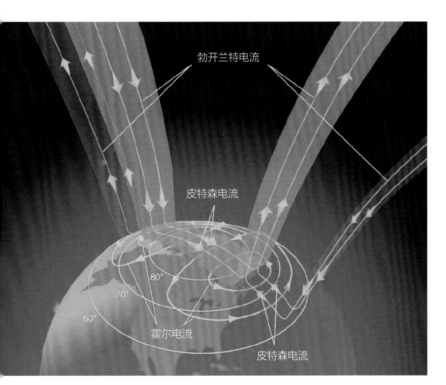

◀ 这是一幅关于勃开兰特电流以及我们如何观测它们的现代插图

独特的 200 挪威克朗纸币

◁ 将这张钞票放在紫外线灯下，就可以看到一个图案是彗星的安全水印

1994 年，勃开兰特获得了他应有的荣誉。他的肖像被选为 200 挪威克朗纸币的正面图案。极光科学家参与了该纸币的设计，使得设计方案中包含了诸多科学事实。

这张挪威纸币的正面是克里斯蒂安·勃开兰特的肖像，与极光、北斗七星、北极星和雪晶的风格化图案一同出现。正面的左边是他的特洛拉实验示意图，背面是北极地区的地理地图，标示出了磁极与椭圆极光带的位置，同时还出现了勃开兰特电流的示意图。

这张纸币的另一个有趣之处在于它使用了正常光照下不可见的安全水印，这种水印只有在紫外线照射下才能看到。水印的图案是一颗彗星，表明勃开兰特是最早解释彗星尾部形状和太阳风存在的科学家之一。

200 挪威克朗纸币的设计在 2017 年被新的设计方案取代，但正面载有勃开兰特肖想的这版 200 挪威克朗纸币仍然被视为一项专注于科学的独特设计。

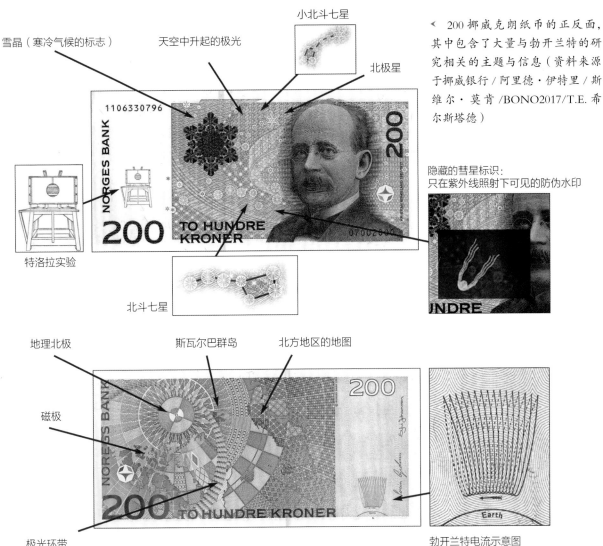

小北斗七星

雪晶（寒冷气候的标志）　　天空中升起的极光

北极星

▸ 200挪威克朗纸币的正反面，其中包含了大量与勃开兰特的研究相关的主题与信息（资料来源于挪威银行/阿里德·伊特里/斯维尔·莫肯/BONO2017/T.E.希尔斯塔德）

特洛拉实验

隐藏的彗星标识：
只在紫外线照射下可见的防伪水印

北斗七星

地理北极　　斯瓦尔巴群岛　　北方地区的地图

磁极

极光环带
窄的部分始终朝向太阳（昼极光）
宽的部分远离太阳（夜极光）
夜极光可覆盖加拿大及美国部分区域

勃开兰特电流示意图

▲ 2014年，谷歌首页上出现了勃开兰特的纪念涂鸦（资料来源于谷歌）

▼ 挪威航空公司在一架飞机的尾部上画了一幅勃开兰特的肖像（资料来源于挪威航空公司）

极光的高度

长期以来，极光的高度一直都是一个具有争议的话题。大约在1763年，瑞典天文学家弗雷德里克·马尔特认为，极光有时与地球的距离并不比云层与地球更远。仅仅一年后，经验更丰富的瑞典科学家托本·伯格曼对大量的极光现象进行了研究。他得出的结论是，极光出现在离地面380千米到1300千米的高度。后来他估算出极光的平均高度为760千米。

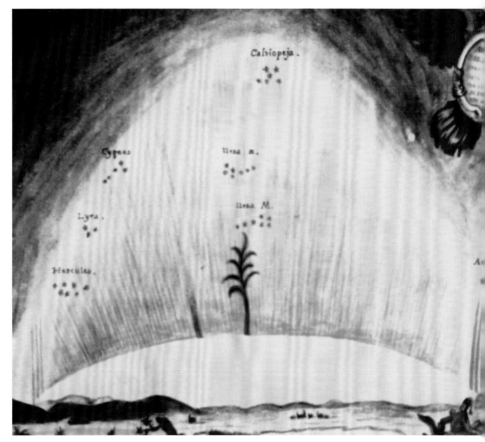

△ 1778年2月25日，匈牙利蒂尔南地区观测到的极光。耶稣会会士约翰·菲勒绘制

挪威科学家卡尔·施特默和他的助手从两个不同的位置同时拍摄了大量的北极光的照片。利用三角测量，他计算出极光的高度为80—130千米。今天我们知道极光的高度通常在80—300千米，在某些特殊情况下可以延展到500—800千米。

极光之所以不是一种天气现象，是因为几乎所有的天气现象都发生在大气层（主要是指对流层）最下层16千米以内。

▲ 带着极光照相机的施特默教授在挪威北部的塔尔维克，他已经准备好了与极光共度又一个漫漫长夜

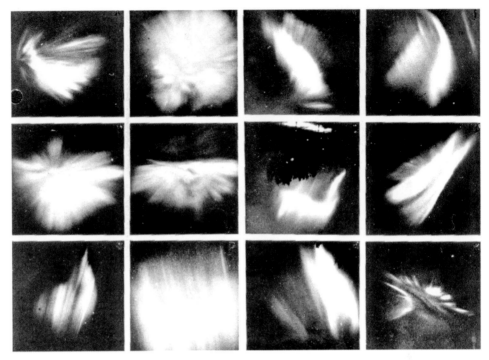

▲ 施特默把超过 10000 张极光图片作为素材，对极光的高度进行了估算（资料来源于挪威科学技术博物馆）

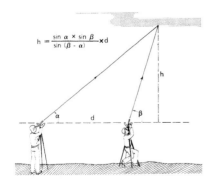

◁ 通过对在两个或多个地点拍摄的照片进行三角计算，施特默比在他之前的任何人都更加准确地估算出了极光的高度

第六堂
追溯极光的
起点——太阳

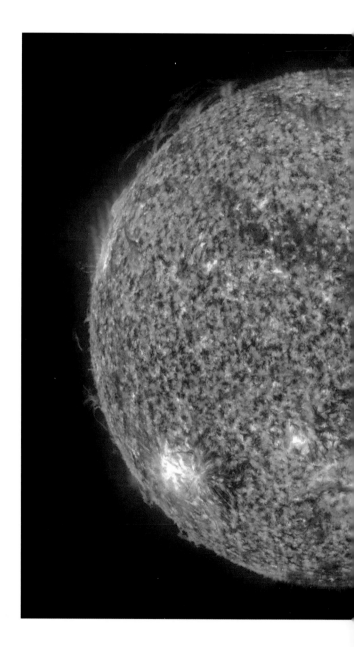

对于我们人类来说，肉眼所见的太阳往往是天空中的一个静止不动的黄色球体。实际上，它是一颗活动剧烈的恒星，为我们的星球贡献的远不止光和热。它是极光的来源，可以影响地球上的气候和我们以科技为基础的社会。要了解极光，我们就需要了解太阳及其与地球磁场和大气之间的相互作用。

用肉眼看天空，太阳似乎是静止、平和且始终如一的。从地面上看，太阳唯一会发生明显变化的是它的位置——一天中它东升西落——还有偶尔会在表面出现的、可以被看到的黑色斑点。

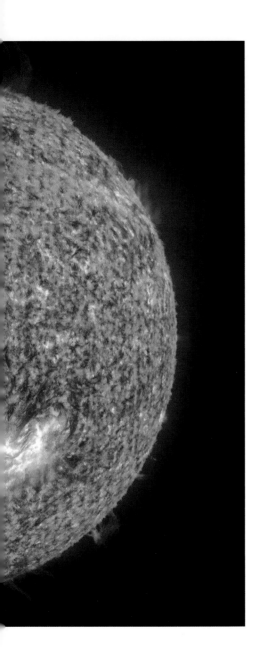

这就是极光传说的起点——太阳。我们银河系中数十亿颗恒星中体积中等的一颗。

太阳就像一座巨大的发电厂。能量是在太阳内核深处产生的。这里的温度超过 1500 万摄氏度，压力巨大，以至于氢原子被挤压成另一种元素——氦。能量便由这个核反应释放。

⋏　太阳每天升起，看上去静止不动

65

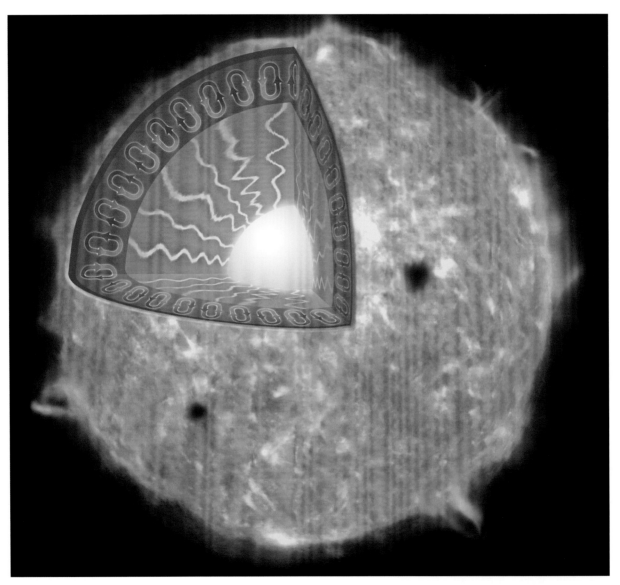

▲　太阳的内部结构 [资料来源于 NASA（美国国家航空航天局）]

太阳黑子

光从太阳内核向外辐射。对流层处于辐射区的外面，内部的热量通过对流层的巨大涡流传向太阳表面。

太阳表面最明显的特征是会出现被称为"太阳黑子"的暗区域。当太阳内部的强磁场浮现到表面时，阻止了部分光线逃逸，较暗的太阳黑子便形成了。

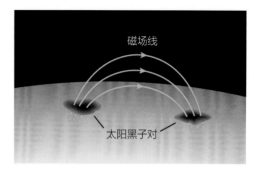

▲ 太阳黑子通常成对出现——伴随着相反的磁场极性（资料来源于 NASA）

▼ 美国国家航空航天局的太阳动力学观测卫星（SDO）观测到的一个大型太阳黑子群（资料来源于 SDO/NASA）

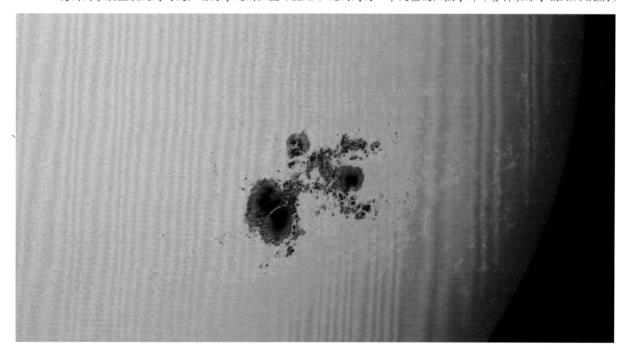

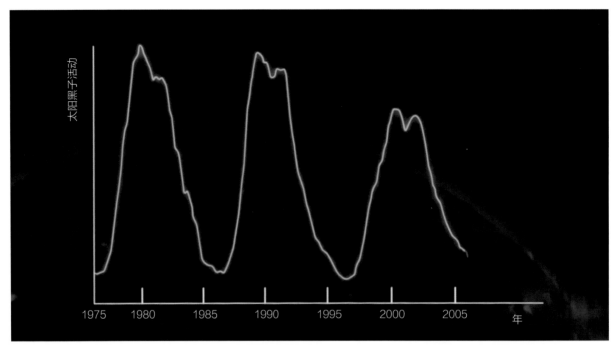

太阳黑子活动

1975　1980　1985　1990　1995　2000　2005　年

▲　1975—2005 年的可见太阳黑子折线统计图，显示出太阳活动有规律的波动，11 年周期显而易见（资料来源于 NASA ）

太阳黑子的寿命长短不一，从几个小时到几个月不等。除此之外，太阳黑子的大小也不一，一个大型太阳黑子可以增长到地球体积的几倍大小。每隔 11 年，太阳就会经历一个被称为"太阳活动极大年"的高活动期。而在大约 5 年后，一段被称为"太阳活动极小年"的平静时期又会到来。在太阳活动极大年期间，会出现很多太阳黑子，而到太阳活动极小年的时候，太阳黑子的数量会很少。因此，追踪太阳活动的一种方法就是观察太阳黑子的数量。

太阳风

太阳除了发出光线之外，还会持续释放带电粒子流，我们称之为"太阳风"。这股粒子流主要由电子和质子组成。太阳风通常以约 400 千米 / 秒或 150 万千米 / 时的速度进入太阳系。在这样的速度下，只需要大约 27 秒就可以从北京飞到纽约（11000 千米）！

幸运的是，地球周围有一个保护磁场，我们称之为"磁层"。它就像一个看不见的盾牌，起到了阻挡太阳风的作用。太阳风的力量会在地球白天的一侧压缩磁层，而在夜晚的一侧拖曳出一条长长的尾巴。

▽ 关于太阳给近地空间带来的改变的艺术插图（资料来源于 NASA）

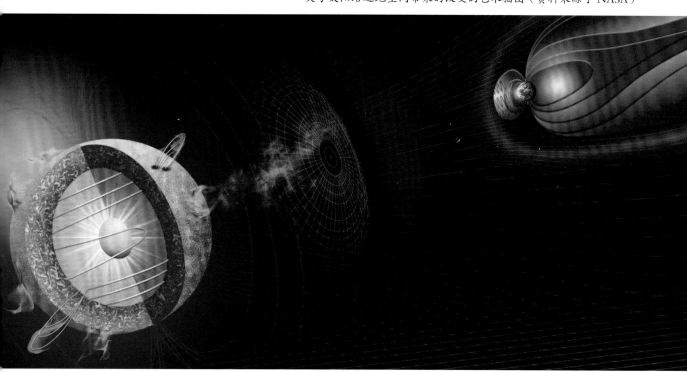

太阳风的速度并不是恒定的。开放的太阳磁力线在日冕中延伸的区域，我们称之为"日冕洞"。在这一区域，太阳风的速度可以达到300万千米/时。因此，日冕洞产生的高速太阳风，导致了地球磁场颤动，同时产生了强烈的极光，有关这部分内容我们将在后面进行讨论。

< 美国国家航空航天局太阳动力学观测台观测到的典型日冕洞，即靠近太阳日面中心的暗淡区域（资料来源于 SDO/NASA）

地球磁场

地球就像一块巨大的磁铁。地球的磁场可以用假设中位于其内部的条形磁铁的磁场线来表示。这块磁铁的轴线与地球自转轴呈 11.5 度倾斜角。基于主磁场是磁偶极子场的假设，地磁北极与地理北极不在同一位置。地磁北极位于加拿大埃尔斯米尔岛北部。

通过使用指南针，你就能够找到磁极的方向。

▷ 地球自转轴与磁轴之间的偏差示意图（资料来源于 P. 里德）

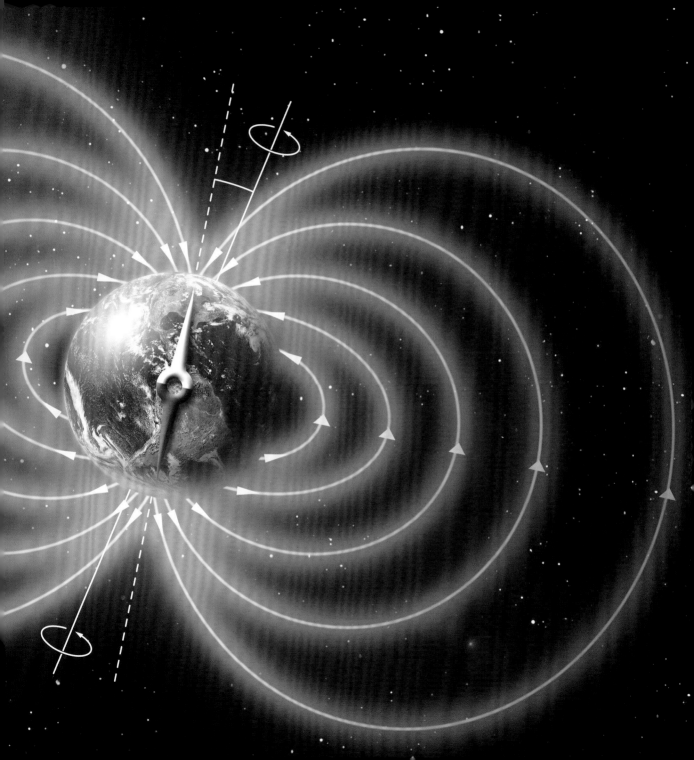

太阳风暴

　　利用卫星，我们可以拍摄到太阳的动态大气层——色球层。在这里，我们能看到明亮的区域，以及太阳每一天，甚至每一秒的变化有多强烈。

　　利用望远镜中的不同的滤光片，我们可以观察到炽热的日冕——在那里，人们可以看到炽热的气体随磁环一同从太阳黑子区中逸出。

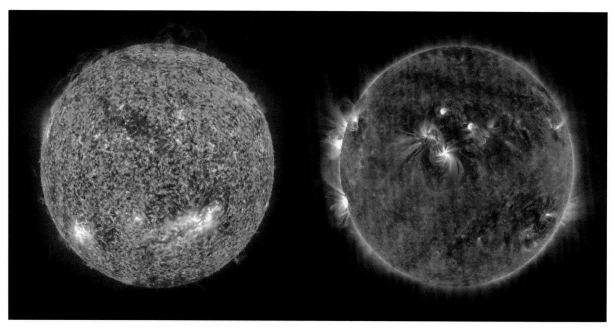

　　▲　人们通过来自SDO卫星的不同滤光片对太阳进行观测。左边的图片是用一部紫外线敏感照相机拍摄的，它可以让我们看到太阳的中层大气——色球层。右边是一张显示太阳大气外层的图片，即炽热的日冕（资料来源于SDO/NASA）

　　▶　日珥爆发（资料来源于SDO/NASA）

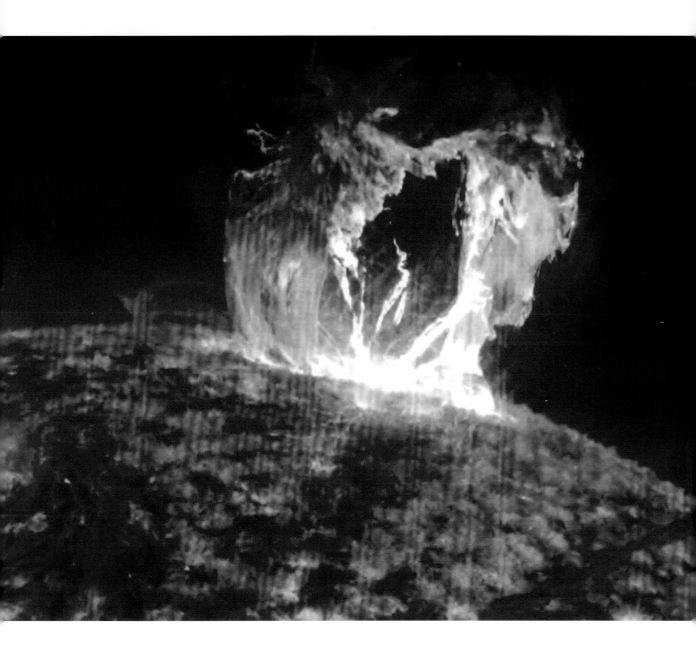

有时，太阳黑子周围的强磁场会扭曲和断裂，释放出巨大的能量。瞬时且剧烈爆发的太阳耀斑，会使粒子的运动速度加快，产生强烈的 X 射线辐射，释放的能量相当于 10 亿兆吨 TNT（三硝基甲苯）。

　　在某些情况下，大量的气体也会被抛到太空中。我们称之为"日冕物质抛射"，简称为"CME"（Coronal Mass Ejections）。它们喷射出的数十亿吨的粒子速度达到每秒 800 万千米。

　　在太阳活动极大年期间，每天都会发生数次太阳风暴，有时它们还会朝向地球。

➤　日冕物质抛射，重达数十亿吨的粒子被喷射到太空中。图片是通过太阳和日球层探测器（SOHO）的大角度分光日冕观测仪（LASCO）设备拍摄的。望远镜内的一个小圆盘阻挡了来自太阳圆面的强光，构成人造日食 [资料来源于 SOHO/ESA（欧洲空间局）/NASA]

第七堂
有关极光的科学原理

极光的不同形态

极光可以呈现出许多不同的形态和颜色，并且会迅速改变。虽然极光的形态千变万化，但是它们有许多可以被识别出来的基本结构。极光的具体形态取决于极光的强度，以及你的位置和视角。

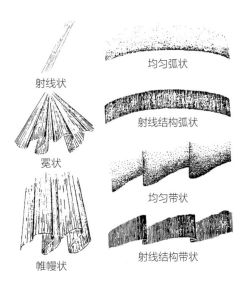

射线状

均匀弧状

冕状

射线结构弧状

均匀带状

帷幔状

射线结构带状

< 一些可供识别的极光典型形态示意图

> 在挪威特罗姆瑟郊外观测到的极光弧（资料来源于保罗·布雷克）

极光最简单的形式是地平线上的辉光。这是低纬度地区最常见到的极光类型。由于亮度较低，这一类极光可能很难辨别，往往在北方地平线上方以淡绿色或灰色光芒出现，在非常黑暗的区域最容易被发现。因此，寻找此类极光最重要的是远离城市，避开人造光线，并且让你的眼睛适应黑暗的环境。

在所有纬度都能观测到的最典型的极光呈弧状，看起来像绿色的弓，由东向西伸展，亮度均匀。当极光活跃度较高时，在低纬度地区也可以看到极光弧，有时还能够辨认出一些垂直结构。

通常情况下，极光弧会发展成极光带，成为大多数人听到"极光"这个词后最先想到的极光形态。极光带不同于极光弧，它会形成一个带状的结构，通常表现为横跨天际的对折形态或是蛇形，也可能会出现几条平行的光带。

➤ 带状光线结构的极光（资料来源于保罗·布雷克）

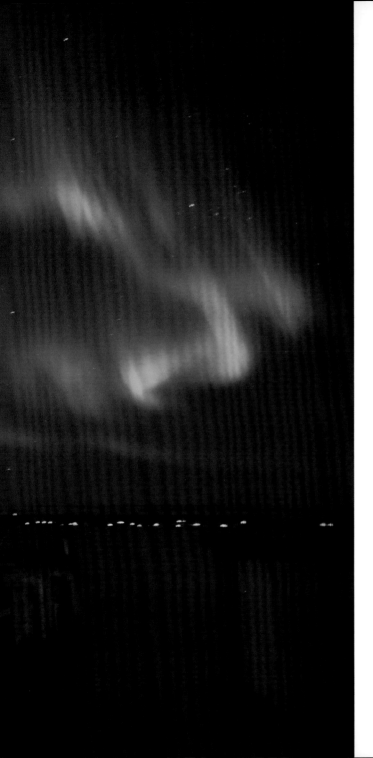

当极光变得更活跃时，一条光带会偏转向垂直方向的光线，这些光线沿着地球磁场的方向排列。当它们以较亮垂直束的形态沿弧状或带状极光水平移动时，带状极光开始变得像是窗帘或帷幔一般随风飘过天空（参见左图）。这种类型的极光经常出现在绘画作品中，例如挪威极地探险家和人道主义者弗里德乔夫·南森的那幅著名木刻画（见第四堂，第34页）。

随着极光越发活跃，折叠状帘幕的底部往往是最亮的部分。在活跃的极光中，较低的部分往往会被染成非常明显的紫红色。

< 垂直光线结构的极光（资料来源于保罗·布雷克）

在强烈的极光中，在绿色帘幕的上部可以看到血红色。

在极光出现的过程中，最壮观的景象是冕状极光的出现。它由许多长长的彩色光线组成，看上去像是从天空的某一点集中射出的。所有的光线似乎都可以在你头上的某一点汇聚。这种现象是透视效果造成的。光线之间本身是几乎平行的，但因为它们很高，所以看上去就像是从同一个点发出的。对于更为靠南的观察者来说，同一个冕状极光则会变成一条射线状条带或帘幕。

∧ 如果你在很多高楼大厦，特别是摩天楼的中间向上看，它们像是会在天空中的某一点上交汇。这和极光从正上方直射下来的视觉效果有异曲同工之妙

➢ 我们沿着磁场向上可以看到的冕状极光（资料来源于保罗·布雷克）

北极光通常在底部附近最亮，随着高度的增加，它们的亮度会逐渐减弱。当你看到北极光出现在北方的地平线上时，它们仿佛会延伸到山上和树梢。然而，极光通常形成在 80—300 千米的高空。有时极光还会出现在 800 千米的高空，从而让更大范围内的人们看到。

> 极光的典型高度是 80 千米至数百千米（资料来源于 T. 亚伯拉罕森 / 安岛航天中心）

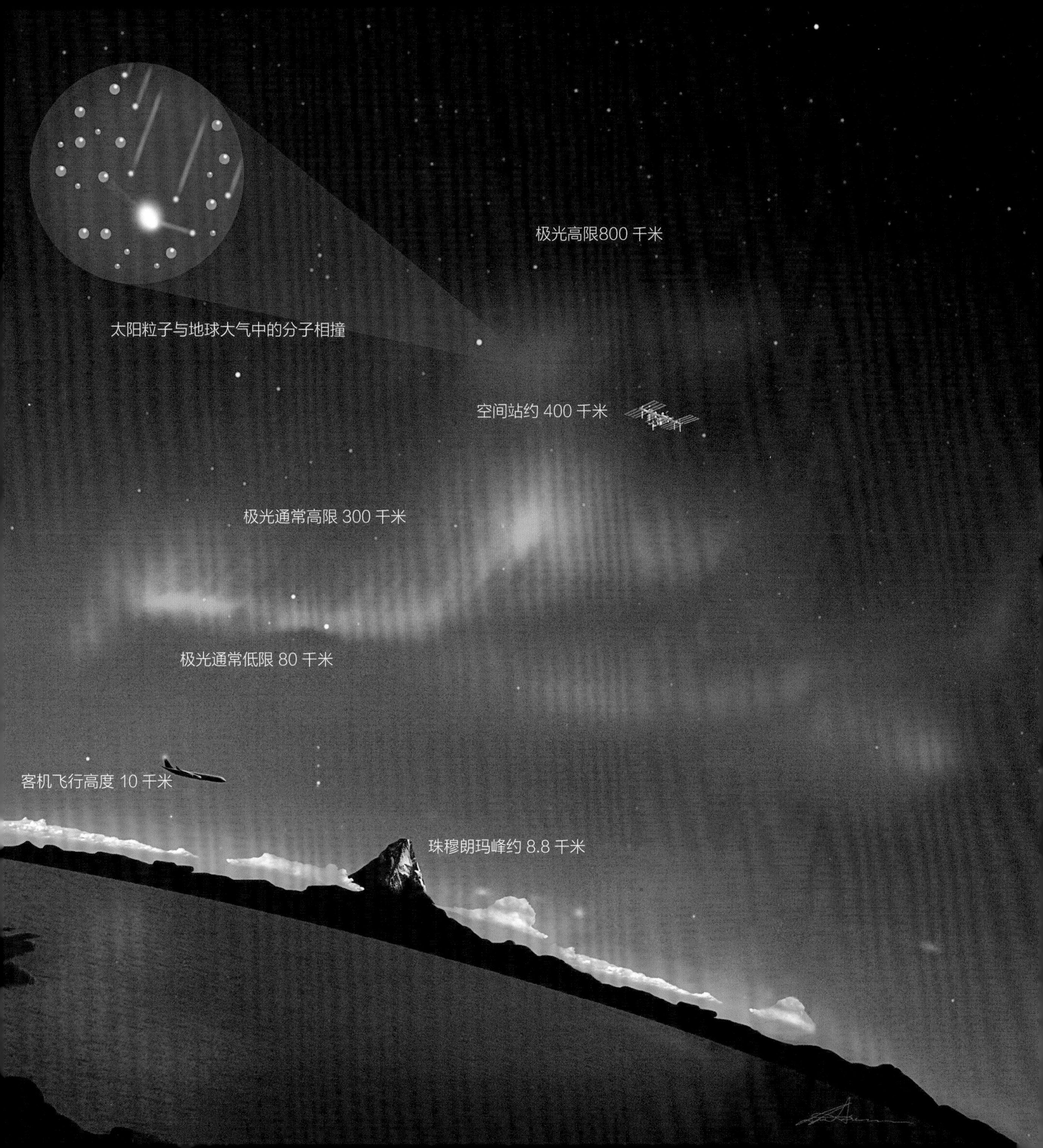

极光高限800 千米

太阳粒子与地球大气中的分子相撞

空间站约 400 千米

极光通常高限 300 千米

极光通常低限 80 千米

客机飞行高度 10 千米

珠穆朗玛峰约 8.8 千米

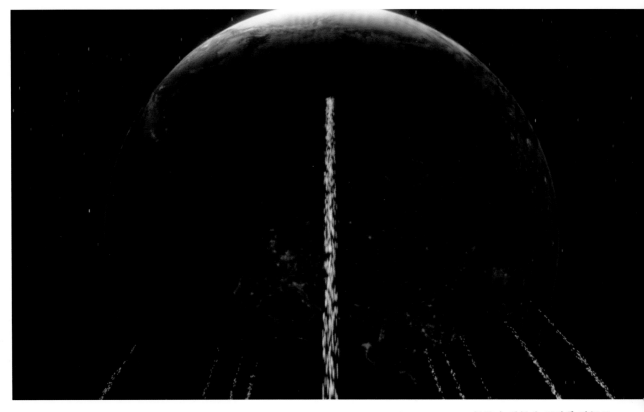

▲ 粒子由磁场向下引导到极区

产生极光的科学原理

　　不管是以稳定的太阳风还是以日冕物质抛射的方式，来自太阳的带电粒子到达地球时，与地球磁场相互作用便会产生极光。这个过程可以简单地解释成一些太阳粒子设法穿透了地球夜晚一侧的磁层（磁尾）。当太阳风暴引起扰动时，磁层内的太阳粒子就会沿磁力线向地球喷射。然后这些粒子由磁场向下引导进入极区。

88

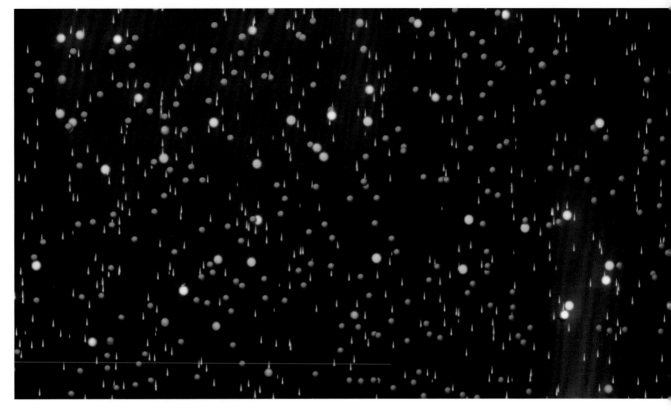

∧ 当来自太阳的粒子到达地球大气层时，它们会与氧、氮原子和分子碰撞，然后这些原子和分子会发出我们所看到的极光

　　当它们到达地球大气层时，会与氧、氮原子和分子发生碰撞。这些碰撞通常发生在 80—300 千米的高空，同时粒子将部分能量传递给原子，这些原子和分子便立即发出特定频率和颜色的光。

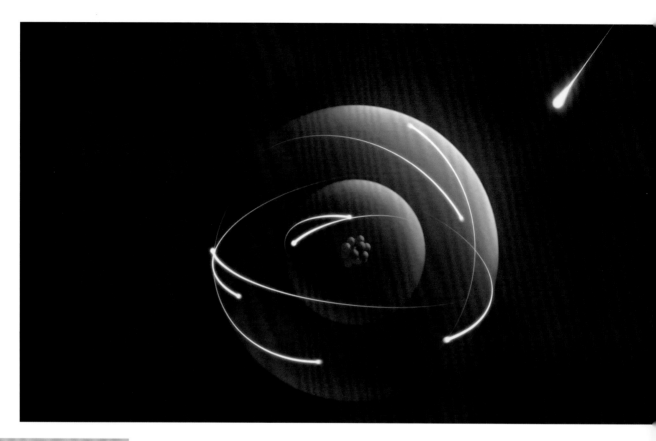

能量转移

原子由一个原子核和若干电子组成，电子以不同的轨道环绕原子核运动。

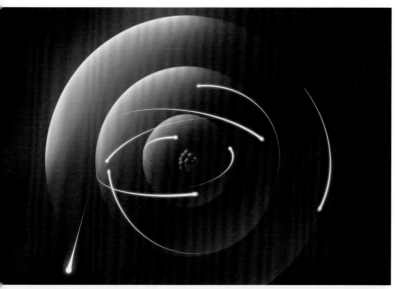

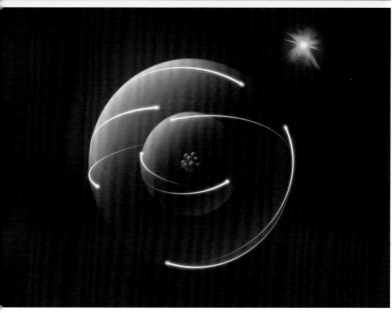

当电子跃迁到能级较高的轨道上时，原子就处于激发态。一个被激发的原子能量较高，并且不稳定。在仅仅一百万分之一秒的时间里，它通常会发出一个小小的闪光来释放多余的能量，我们称之为"光子"。这样电子就能回到基态。极光的强度变化范围很广，最弱的极光和很难探测到的恒星辉光相差无几，最强的则完全可以盖过最亮的恒星。

极光中最亮的颜色是绿色或黄绿色。其他较为明显的颜色是血红、粉红、亮蓝、紫色和紫罗兰色。极光越强烈，我们看到的颜色越丰富。

极光的不同颜色是用一种叫作"光谱仪"的工具来测量的。通过测量，我们可以确定大气中哪些气体在发光。

‹ 当带电粒子撞击地球大气中的原子时，部分能量被转移到原子上，使电子移动到离原子核较远的高能级轨道上。当电子以光的形式释放能量后，会很快"回归"到原来的轨道上

极光的颜色呈现

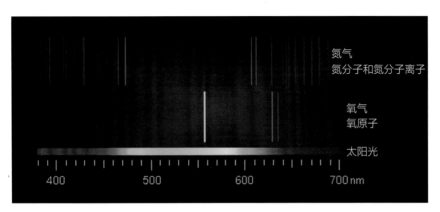

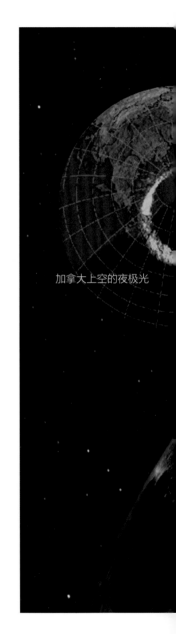

加拿大上空的夜极光

▲ 极光主要来自被电子激发的氧原子。低高度部分以绿色辐射为主，高高度部分以红色辐射为主。被激发的氮分子和氮分子离子在较低高度上产生粉红色和红色

　　图中太阳连续光谱上方的彩色条纹说明了极光的颜色构成。正如我们所看到的，氧和氮是产生不同颜色的极光的两个主要元素。当每秒发生数十亿次这样的微小闪光时，其累积效应就是在夜空中产生可见光。碰撞产生了壮观的发光大气，绿色、红色、白色和蓝色光会形成一个环形区域，被叫作"椭圆极光带"。

▷ 围绕北极圈的椭圆极光带的艺术插图

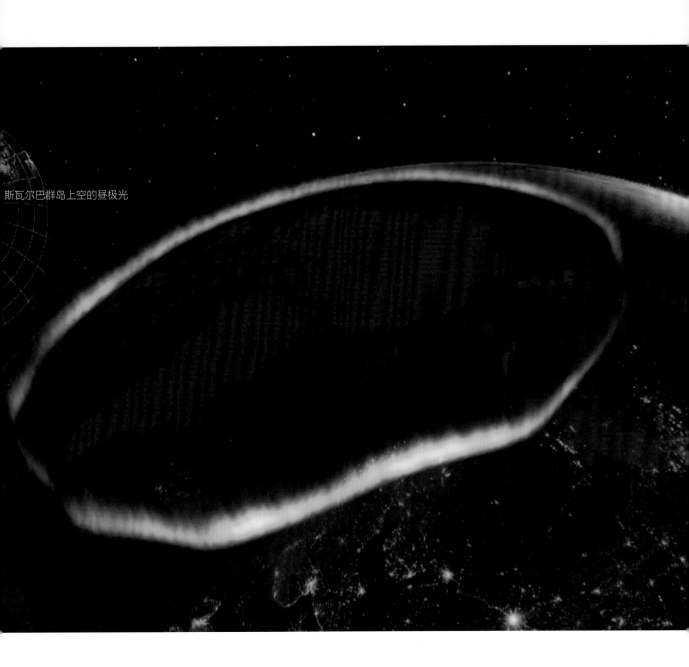

斯瓦尔巴群岛上空的昼极光

相似的发光原理

这种使天空发光的原理，与商业霓虹灯、荧光灯、老式电视机的原理非常相似。

可见光

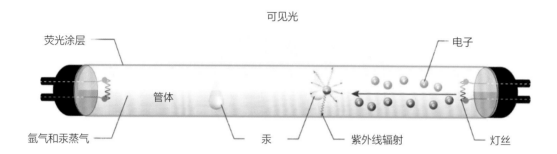

荧光涂层

电子

管体

氩气和汞蒸气

汞

紫外线辐射

灯丝

▲ 在荧光灯中，当电流作用于管内的汞蒸气时，电子穿过灯管。汞原子、电子之间有大量的碰撞，使得汞进入激发态，发出紫外线，紫外线被涂有荧光粉的管壁吸收。荧光粉中的电子跃迁到具有更高能量的轨道上。当电子回落到其正常轨道时，荧光粉以可见光的形式释放能量，电子回归至原来的轨道上

◀ 打开霓虹灯的电源开关时，电子会激发管内气体中的原子。极光形成时，气体也以类似的方式发光

爱搞恶作剧的红色北极光

　　正如我们稍后将要讨论的，当北极光延伸到纬度相对较低的地区时，它们通常呈现红色的色调，因此人们经常误以为是北方的大片区域发生了火灾。公元 37 年，罗马的提比略皇帝发现罗马以北地区的天空呈现大片红色，他一时间误以为是北部的奥斯蒂亚镇遭到了袭击，敌军放火焚烧了城镇，于是便立刻派出军队前去保护那里的百姓。类似的事情在历史上时有发生，甚至直到 1938 年，人们还因红色北极光而"中招"。当时欧洲中纬度地区出现了北极光，一支消防队被召集到英国的温莎城堡灭火，结果发现又是北极光的"恶作剧"。

△　提比略皇帝观察到罗马北部一片非常红的天空，以为奥斯蒂亚镇遭到袭击起火了

第八堂
极光、太阳与人类

太阳活动对人类和动物的影响

大量的研究表明，产生极光的各种太阳活动也会对人类和其他动物造成影响。部分影响还存在争议，很难被证实。

一些研究表明，致命的心脏病发作与太阳活动周期和地磁扰动之间存在显著的相关性。有相当广泛的文献资料论述了太阳驱动的地磁活动与多种生理医学现象（偏头痛、癫痫发作和心力衰竭）之间同样存在关联。在一项针对 3449 名抑郁症住院患者的研究中，人们发现了一些与地磁暴有关的有趣的统计数据。

该研究发现，在地磁暴过后的几周里，抑郁症患者的住院率增加了 36%。

科学家们指出，人脑中存在名为"松果腺"的腺体，腺体分泌的褪黑激素会使人意志消沉，导致某些类型的抑郁症。

还有许多动物受到地磁暴影响的例子。信鸽可以轻松飞越难以置信的距离，它们使用地球磁场作为它们的导航系统之一。一旦地磁暴扭曲地球的正常磁场，鸽子无法再像往常那样依靠地球磁场导航，便有可能会迷失方向。因此，聪明的信鸽，特别是在极北地区的信鸽，会注意跟踪太阳活动，选择避开某些地磁条件异常的日子起飞。

其他的迁徙动物，包括鸟类和蜜蜂也"深受其害"。长期以来，有一个谜一直困扰着海洋生物学家，那就是为什么健康的鲸鱼、海豚最后会在世界各地的沿海搁浅。会是严重的太阳风暴影响了地球磁场，导致它们体内的导航系统紊乱，最终迷失了方向吗？

2016 年初，人们在德国、法国、英国和荷兰海岸发现 29 头雄性抹香鲸死亡或濒临死亡。对其中 22 头鲸鱼的尸检显示，这些鲸鱼营养良好，没有生病的迹象。科学家们发表了一篇论文，声称可能是一场强烈的地磁暴干扰了鲸鱼们的导航系统，导致它们意外搁浅。最近，美国国家航空航天局的科学家已开始研究这个问题。

◄ 一头抹香鲸在英国的海滩上搁浅 [资料来源于本·普鲁奇尼 / 华盖创意（Getty Images）]

极光与太阳风暴

　　除了明亮的极光，太阳风暴还有一些不太好的影响。事实上，明亮的极光仅仅是地球磁层中电磁能平衡被破坏的一个可见信号。随着日冕物质抛射，平均向大气排放约 1500 千兆瓦的电力（是整个美国发电量的两倍），太空中可能会发生剧烈变化。这些变化可能会对现如今这个依赖卫星、电力和无线电通信的世界造成严重破坏——所有这些的"罪魁祸首"都是太阳风暴。

　　太阳风暴产生的能量会破坏无线电通信，损坏卫星并改变它们的轨道。太阳风暴也可能会改变无线电导航系统，如全球定位系统的信号，导致其精度降低。日冕物质抛射可能会引发地球上的地磁暴，并在地面引起额外的电流，降低电网的运行效率。太阳高能粒子（高能质子）可能会对在太空中行走或乘坐太空舱前往月球或火星的宇航员造成伤害。

　　▶　空间天气是指受太阳活动影响的空间环境条件（资料来源于欧洲空间局）

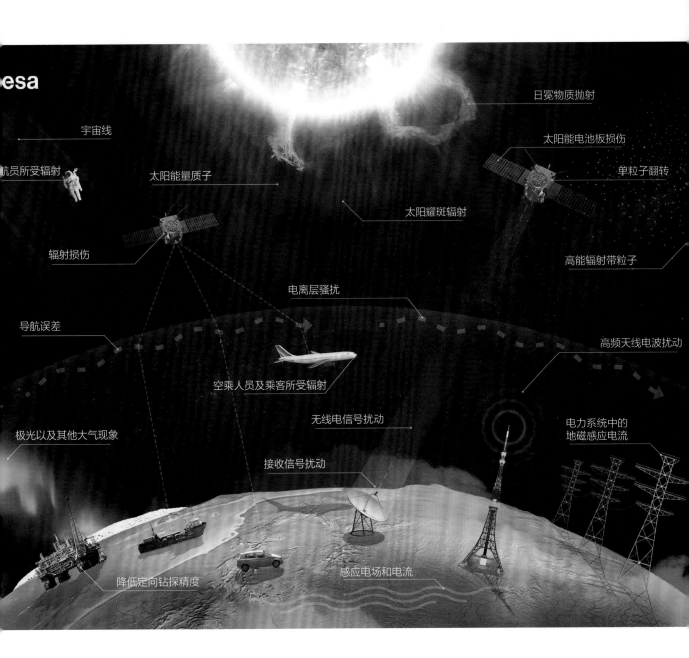

esa

宇宙线

航员所受辐射

太阳能量质子

辐射损伤

导航误差

极光以及其他大气现象

日冕物质抛射

太阳能电池板损伤

单粒子翻转

太阳耀斑辐射

高能辐射带粒子

电离层骚扰

高频天线电波扰动

空乘人员及乘客所受辐射

无线电信号扰动

电力系统中的
地磁感应电流

接收信号扰动

降低定向钻探精度

感应电场和电流

99

来自太阳的高能粒子将穿透航空器，并可能撞击重要的电子设备，比如计算机。一些航空公司一直在通过驱动飞行测试设备来监测这种影响。此外，由于空间天气的变化，一些横越极地航线的航班也会出现问题。这些航班的高频无线电通信尤其可能会中断。有时在一些敏感的空域，人们会失去与航班的通信联系，这会造成巨大恐慌，并经常导致飞行路径的重新规划。美国联邦航空管理局会定期收到太阳风暴警报，以便他们能够识别通信问题。

另一个值得航空公司关注的地方，是高能量粒子对机组人员的严重辐射影响。在太阳风暴期间，一次飞行所受到的辐射并不会比你拍摄一张胸部 X 光照片时受到的辐射严重多少。但是对于那些经常需要在高纬度地区横跨大西洋飞行的机组人员来说，辐射剂量累积起来就成了一个令人担忧的问题。欧盟出台了一项措施，要求所有欧洲航空公司开始监测机组人员受辐射的情况。

一个世纪前，太空风暴可能会在无人察觉的情况下发生并结束。但今天，我们已经向太空发射了 2000 多颗卫星。我们文明的方方面面都取决于它们不间断的运转。例如，我们今天的社会需要依靠卫星进行天气预测、通信、导航、勘探、搜索和救援、科学研究和国防建设。因此，卫星系统故障的影响比以往任何时候都更为广泛，而且这种影响通常会以越来越快的速度不断加深。

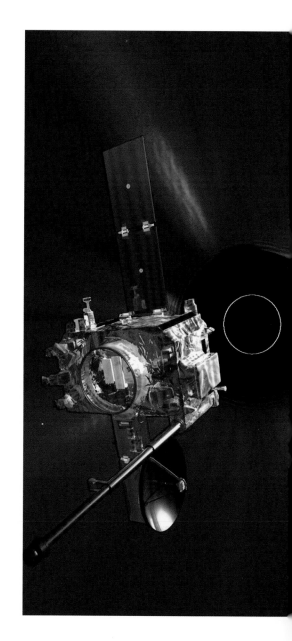

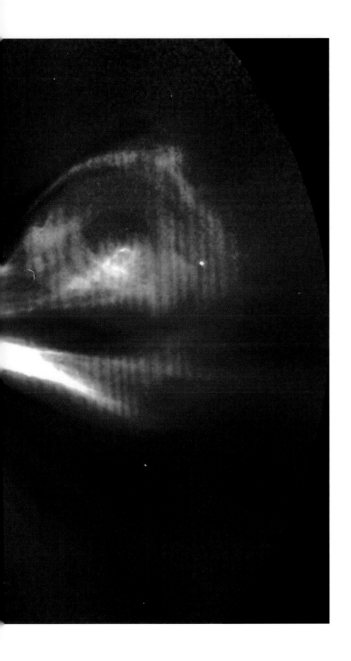

　　幸运的是，我们拥有数架航天器、许多望远镜以及科学家，他们每天 24 小时监视太阳，并就正在发生的太阳风暴向大众提供预警。这样一来，卫星运营商、空中交通管制和电网公司的相应部门就可以做好应对任何可能发生的影响的准备。科学家的监视也可用于预测极光的发生。

　　2003 年，太阳成了所有人关注的焦点，因为它在不到 14 天的时间内 11 次爆发太阳风暴，其中一次产生的耀斑可列为有史以来最强烈的几次之一。一些风暴被直接抛向地球，形成了一道道美丽的极光，最南边的可观测区域一直延伸到了西班牙和美国的佛罗里达州。同时一些卫星被损坏，瑞典南部的数千居民失去了电力供应。空中交通管制则将跨大西洋航班的航线进一步向南移动，以避免无线电通信中断。喜马拉雅山的登山者在使用卫星电话时遇到了问题。而这些只是太阳风暴对我们的社会造成影响的一小部分。

◅　日地关系观测台（STEREO）计划的一颗卫星和其拍摄到的日冕物质抛射合影（资料来源于 STEREO/NASA）

第九堂
极光的观测

极光的现代科学观测

现 如今，我们可以通过地面仪器、探空火箭和卫星来研究极光。
在极光研究中，一个常见的工具是全天空相机。它是一个配有朝向天空的鱼眼镜头的照相机。人们通过它就可以对地平线以上的天空进行拍摄。为了研究北极光，北半球很多高纬度国家都安装了大量的全天空相机。

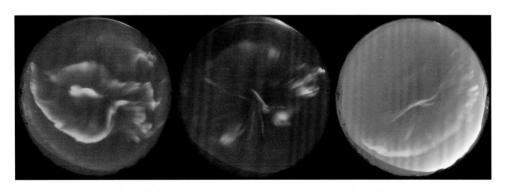

^ 斯瓦尔巴群岛上的谢尔·亨里克森观测台的全天空相机拍摄的照片。照片由左至右分别拍摄于上午 3 时、7 时和 11 时。最后一张照片展示了独特的日侧极光，只有在斯瓦尔巴群岛才能观测到 [资料来源于 UNIS（斯瓦尔巴大学中心）/KHO（谢尔·亨里克森观测台）]

∧ 带有多个圆顶玻璃罩的谢尔·亨里克森观测台上，仪器观测视野良好（资料来源于 UNIS/KHO）

挪威北部的斯瓦尔巴群岛吸引了很多北极光研究者。斯瓦尔巴群岛的与众不同之处在于，它刚好位于磁场极隙区的正下方，太阳风中的粒子可以直接由此进入地球大气层，从而在这里形成日侧极光。所以斯瓦尔巴群岛上布设了许多科学仪器，供人们监测和研究北极光。

全新的谢尔·亨里克森观测台于2008年建成，是目前最大的北极光观测台，有30间带圆顶玻璃罩的仪器室。世界各地的科学家们足不出户就可以远程操控他们提前放在这里的观测仪器。

这里还包含了一个来自中国极地研究中心的仪器（PRIC）。该仪器的设计目的是在极低的光照条件下，观测不同波段的全天空极光形态。

科学家们还利用大型雷达系统探测地球大气层以及太阳风产生北极光的过程。其中包括了位于斯瓦尔巴群岛的大型欧洲非相干散射雷达系统（EISCAT），它与谢尔·亨里克森观测台比邻而居。

︿ 欧洲非相干散射雷达的32m可转动抛物面发射天线（右）以及42m固定对准接收天线（左）（资料来源于 A.斯托默 /UNIS）

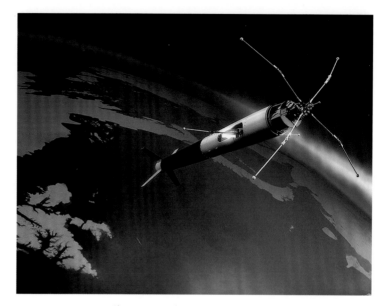

▲   火箭测量极光特性的图示（资料来源于安岛航天中心）

　　人们还会使用火箭对北极光进行探测。这些火箭从阿拉斯加的费尔班克斯以及挪威的安岛或斯瓦尔巴群岛发射。它们可以穿越北极光，测量其物理性质。

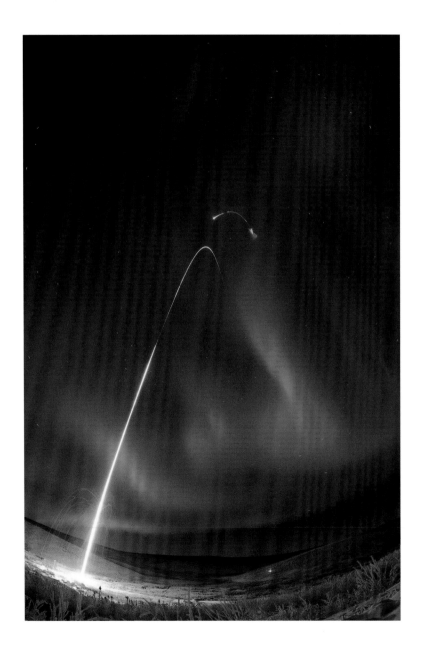

卫星可以提供全球视野，让我们对极光以及太阳风、磁层和高层大气之间的相互作用产生许多新的认识。

1996 年，美国国家航空航天局发射的极地卫星（Polar Satellite），可以从太空中对椭圆极光带进行长期的观测。它收集到了许多不同波段的极光图像，让我们第一次有机会从细节上对椭圆极光带的动力学变化进行观察。随后，IMAGE 卫星（用于极光全球探测的磁层顶成像仪）增加了电子极光和质子极光的观测，提供了太空中极光更加清晰的整体图像。

‹ 美国国家航空航天局"猎户座四号"探空火箭在阿拉斯加上空飞行时拍摄的延时照片。从这张图片中可以清晰地看到火箭的四个阶段（资料来源于杰米·阿德金斯 /NASA）

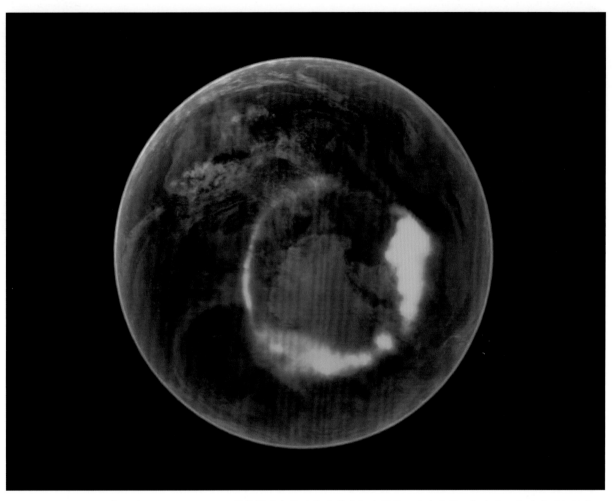

▲ 2005 年 9 月 11 日，IMAGE 卫星拍摄后合成渲染出的南极光图片。从太空看，极光是环绕地球两极的光环（资料来源于 NASA）

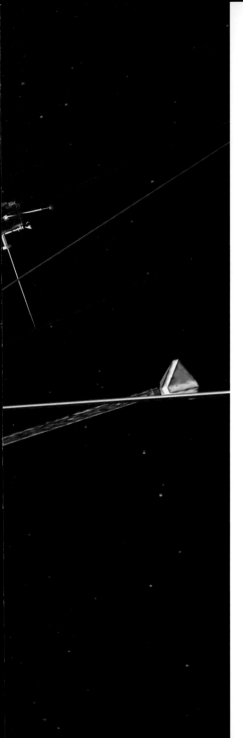

2007 年美国国家航空航天局的忒弥斯（THEMIS）卫星和地面全天空成像仪台链的共同观测，揭示了极光亚暴的一些新特征。尽管人们对亚暴的研究超过了一个世纪，但新的观测证据仍令科学家们大为惊讶。

在这次观测中，极光膨胀的速度超出人们的预期，其爆发的能量也令人印象深刻——估计有 5 万亿焦耳，相当于 5.5 级地震产生的能量。观测中发现了磁绳（一种等离子体效应）存在的证据，它能将地球高层大气与太阳风直接联系起来。

2009 年，卑尔根大学的科学家展示了同时在北半球和南半球拍摄的极光卫星图像。

这些图像提供了十分确凿的证据，证明这两个半球的极光可以完全不对称。这一发现与通常认为南北半球上的极光彼此互为镜像的假设相矛盾。

几十年来，对极光的地面观测往往提供的是一种结构化的、动态的极光。宽度小于 100 米，在一秒钟内消失的固定结构似乎很常见，全新的成像技术使得获得非常高的分辨率的时间序列图片成为可能，从而可以展示出非常精密的动态结构。尽管人们对极光中的精细结构非常感兴趣，但对它们背后的形成机制仍没有达成共识。

◄ 忒弥斯卫星的艺术示意图（资料来源于 NASA）

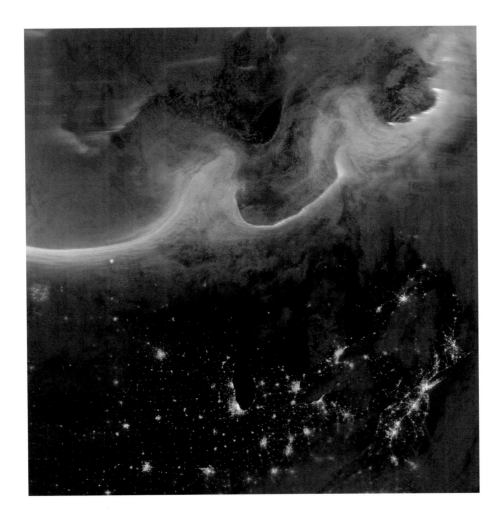

　　美国国家航空航天局的磁层多尺度任务（MMS）和欧洲空间局的星簇计划（Cluster），这两个卫星计划由地球轨道上四个相同的可变间隔的航天器执行，用于对地球磁层进行三维测量，同时研究它是如何受到太阳风和太阳风暴影响的。

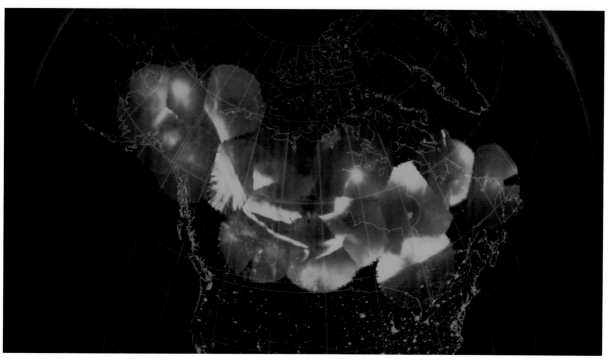

∧　一组地面全天空成像仪（ASI）。它们对人们理解极光做出了重要贡献（资料来源于 NASA）

　　当前和未来的卫星将为我们提供有极光的全新认知，以及太阳风暴和地球空间环境的相互作用机制，后者尤为重要，我们称之为"日地联系"。在这一领域，基础科学最终成为有实际用途的科学，而不仅仅是对极光进行预测。太阳风暴对我们现代科技社会的影响越来越大。它们可以破坏人类所依赖的各种技术系统，危害太空安全。因此，我们需要更好地了解日地联系的机制。

　　到目前为止，我们已经对产生极光的自然机制有了很好的理解。在科学界，特别是在有可能进行更精确的观察时，新的发现也带来许多新的问题。因此，我们仍然需要提高对日地联系的认识。

极光预报

通过现代技术对太阳进行观测，以及构建复杂的物理模型，科学家可以相当准确地预测出极光的强度和出现的位置，同时可以预测出它所波及的范围。

现如今，人类有数颗卫星每天 24 小时观测太阳，科学家可以探测到太阳上的冕洞和各种爆发活动，预测出几天后将要产生的强烈的极光。通过监测太阳上的活动和测算太阳风粒子的速度，科学家可以估计太阳风暴何时到达并撞击地球磁场。一般来说，从日冕洞和日冕物质抛射发生算起，太阳风要花 1—3 天抵达地球。

当科学家探测到朝向地球方向的日冕物质抛射时，他们将尝试估计粒子云的速度，以便能够估计其到达的时间，然后通过互联网发布警告。日冕物质抛射的发生几乎是无法预测的，因此对于这些爆发事件，我们只能在日冕物质抛射离开太阳后才能给出预测。通常情况下，日冕物质抛射到达时间的预测的误差是 3—4 小时。

预测未来几天是否会出现极光的一个简单方法是对太阳日冕洞进行监测。日冕洞是日冕中太阳磁场在太空中延伸的区域。这些地区允许带电粒子以快达 300 万千米 / 秒的速度逃逸。因此，日冕洞会产生强烈的太阳风。

当这些暗淡的日冕洞出现在日面的左侧，我们知道它会随着太阳旋转，在 6—7 天后到达太阳的中心。然后，强烈的太阳风需要 1—3 天时间抵达地球。因此，通过观察日冕洞，我们可以在强烈的极光出现前 10 天就给出一个非常准确的预测。

由日冕洞产生的极光还有一个优点，那就是它的活动可以持续一天或几天时间，而日冕物质抛射产生的极光只能持续半天左右。

因此，通过使用互联网，你可以找到你所在地区的极光预测。一些智能手机应用程序也可以告诉你在何时何地能够看到极光。

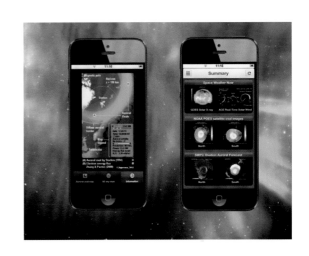

▶ 有几个智能手机应用程序可以告诉你在何时何地可以看到极光。左边的一个是"极光预测"，由挪威斯瓦尔巴大学中心／斯瓦尔巴群岛开发

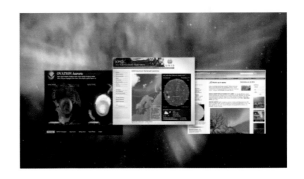

▶ 你可以找到一些能够及时预告北极光的网页

第十堂
寻找极光之旅

去哪里寻找北极光

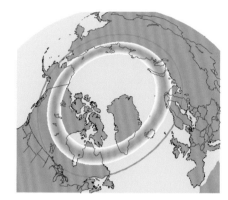

∧　你必须接近极光区，才能看到北极光

　　观测北极光的最佳地点当然是高纬度地区。北极光最常出现在极地附近的一些区域，我们称之为"极光区"。极光区呈带状分布，在那里的每一个晴朗的夜晚，你都极有可能看到北极光。但最强烈、最壮观的极光只有在太阳活动增强的时候才会出现，即使在高纬度地区也是如此。

　　北极光带横跨芬兰北部、挪威、瑞典、冰岛、格陵兰南部、加拿大北部、阿拉斯加和俄罗斯北部，理论上来说，在所有这些国家和地区都可以进行北极光观测。但格陵兰岛、加拿大北部、阿拉斯加和俄罗斯北部这些地方机场很少，酒店、参观点等基础设施也不够健全，不方便普通游客前往。另外，这些地方的气温是相当低的，很难进行观测。

　　而像挪威、芬兰、瑞典和冰岛等国家，它们拥有便利的航班以及更好的基础设施来接待游客。此外，北欧国家的沿海地区，特别是挪威和冰岛，由于湾流，气候相对温和。因此，这些地区才是寻找北极光的绝佳目的地。

　　一些地方以其优越的极光观测条件而闻名，其中包括挪威北部的特罗姆瑟。该地区以其便于到达、相对温和的气候和可靠的极光发生条件（因为它几乎位于椭圆极光带的正下方）而著称。

▲ 挪威罗弗敦群岛斯沃尔韦尔外的北极光（资料来源于保罗·布雷克）

　　其他著名的北极光观测地包括瑞典北部的阿比斯库、芬兰北部的罗瓦涅米、阿拉斯加的费尔班克斯以及冰岛的大部分地区。加拿大、俄罗斯和格陵兰等较难到达的地区则因其更加黑暗且原始的天空环境，可以为游客提供别具风味的北极光之旅。

　　如果到这些地方旅行，你选择独自去寻找北极光，那么你需要对这一区域进行一些相关研究，了解在当地的夜里四处走动的注意事项。另外，你还要时时关注当地的天气预报和极光预告。另外的选择是参加当地旅行团组织的极光旅行，他们会为你提供过夜使用的保暖衣物和食物，而且会根据当地的天气状况，驱车送你到最有利于观测的地方。出色的导游肯定能够带你观赏到晴朗的夜空和美丽的极光。

北极光在中国

　　只有在非常强烈的极光活动期间，北极光才会出现在较低纬度的地区。中国的地磁纬度较低，有可能进行观测的地区只有新疆、内蒙古和黑龙江。即便如此，北极光离我们还是十分遥远，好比观测在大海上航行的帆船时，人们总是先看到桅杆一样，在中国观测极光也只能观测到极光的顶部。它通常呈红色，类似于当时伽利略在意大利观测到的极光。

△　北京天文馆馆长朱进于2015年3月在新疆阿勒泰拍摄到的红色极光，那次发生了20年一遇的地磁暴

飞机上寻找北极光

　　即使你坐飞机或爬上世界上最高的山，北极光通常仍在你上方80千米的位置。不过，国际空间站绕地球轨道飞行时，却穿过了红色的北极光。

　　乘坐洲际航班时，你将有机会看到北极光。通常情况下，所有西向的长途航班都是在夜间飞行，而且经常是向北飞行。从美国飞往欧洲或中国的航班将使你接近北极上空，从而有机会观看北极光。因此，如果你有意在飞机上欣赏北极光，一定要订一个左侧靠窗的座位，然后你就可以欣赏北境之地的美妙风光了。

　　如果携带着相机，你将有机会拍到非常漂亮的北极光照片。聪明的做法是把外套套在脑袋和相机上，挡住机舱里的光线，以免它们反射到玻璃窗上。

∧ 2018 年 3 月，斯堪的纳维亚航空公司从特罗姆瑟到奥斯陆 SK4433 航班的飞行员与北极光的"合影"。在黑暗的驾驶舱里，机组成员可以获得更好的视野（资料来源于保罗·布雷克）

◁ 2018 年 3 月, 在斯堪的纳维亚航空公司从特罗姆瑟到奥斯陆 SK4433 航班上看到的北极光。这幅照片拍摄的是客舱窗外的景象（资料来源于保罗·布雷克）

观察北极光的最好时机

　　在极光区内，北极光在全年白昼和夜间都会出现，但由于白昼室外光线太强，北极光无法被观测到。无论身在何处，都需要足够黑暗的夜空才能看到北极光。最强烈的北极光往往出现在每年9月中旬到次年3月中旬的晚上8点至午夜时分，但每年的4月和8月也有出现强极光的可能。

　　人们通常认为低温天气有利于极光观测。虽然温度和极光之间并没有实质性的联系，但在寒冷的夜晚，天空能见度往往更高，因此确实会有利于极光的观测。

　　由于极光高度的原因，极光带南部的极光往往不够清晰。大多数极光都发生在距地面80—130千米的高度，相比之下，一架普通的喷气式飞机在大约10千米的高度飞行，远低于极光的下部。极光非常高，这意味着我们可以在极光带的南面观察到它，即使是相对微弱的极光，也可以在极光区以南几百千米的地方看到。

北极光的实际观测

寻找一片黑色的天空

    观看极光不需要望远镜等光学辅助设备，用你的双眼直接感受它们就是最好的方式。不过，你需要做的是寻找一个远离城市和其他光污染源的黑暗区域，尽可能地增加你看到极光的机会。想要寻找一个黑暗的地点现在变得愈加艰难，如今，即便是在离城市很远的郊区，人类从黄昏到黎明对自己的家和周围环境的照明程度也会让人惊讶。如果在你的周围能够看到点点星光，就意味着你找到了一个相对理想的地方。

观测极光时如何穿着

　　找到一片理想的天空后，你所需要的就是耐心等待和一些暖和的衣服——能够让你在寒冷的冬夜里保持温暖。无论你是在气候相对温和的欧洲中部，还是到北极圈附近的极北地区进行观测，学会根据天气变化增减衣服是十分重要的，因为你需要在极光出现之前耐心等待一段时间。当然，你也可以在房子里或车里等待，但一定记得要经常向窗外看。因为只需要短短几分钟，一片平静的天空就会布满绿色条纹。虽然在美丽的冬夜里，站在满天闪烁的星光下等待极光并不会让人觉得无聊，但舒适温暖一定会大大提升你的观赏体验。记住一定要戴上合适的手套和帽子。带防风罩的巴拉克拉法帽（一种几乎可以完全围住头和脖子的羊毛兜帽，仅露出双眼，有的也露出鼻子。——译者）是不错的选择，但通常一顶优质的羊毛帽，再加上你外套上的防风帽也足够了。记住，无论何时何地在夜间外出，温度都比风度重要许多。

其他有用的装备

　　除了衣服，你还需要带一些食物和一个装有热饮的保温瓶。强烈建议带上基本的应急装备和性能良好的头戴照灯或手电筒。在黑暗中可能很难看清道路，还可能会遇上很滑的冰。你肯定不想在摔断腿或是摔坏照相机的情况下，开始或结束自己的极光之旅。和所有夜间观察一样，只有眼睛适应了黑暗，才更容易看到极光。人的眼睛需要 20—30 分钟时间才能完全适应从光明到黑暗的状态。还有一个可以让你的夜视视力少受影响的小建议：如果你使用头戴照灯来看路或是作为安装设备时的照明工具，可以选择红光的照灯，这将会很好地保护你和你同伴的夜视视力。

> 需要长时间曝光才能捕获极光，所以使用三脚架非常重要［图片来源于弗雷德里克（Fredrik）］

极光到底什么样

许多从未亲眼看到过极光的人会提出一些非常合理的问题：极光到底有多亮？它实际上的颜色和照片上的颜色相比有什么不同？极光的实际移动速度到底有多快？

很多人在第一次见到极光后可能会感到失望，除非你幸运地遇上了一次非常强烈的爆发。一般来说，你不会看到像你在许多照片和电影中看到的那种强烈的绿色／红色／紫色极光。照片或影片中的图像往往经过了处理，增强了对比度。我会简单解释一下你用肉眼看到的景象和照片拍出来的效果有什么不同。

我们的眼睛主要由两种感光细胞——视锥细胞和视杆细胞组成，这些细胞负责吸收光线，使我们能够看见。视锥细胞在提取细节和颜色方面非常出色，但在黑暗的环境中它们几乎没有用武之地。而视杆细胞可以吸收更多的光线，但不能很好地处理颜色和细节。这就使得在黑暗中，我们大多看到的是单色和黑白的东西。

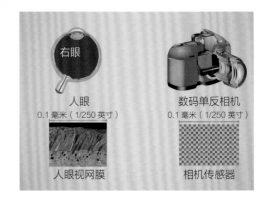

▲ 人眼和数码相机的区别（资料来源于 P. 延森）

▷ 比较人眼看到的极光（上）和相机（下）在长时间曝光下捕捉到的极光（资料来源于 P. 延森）

这就是为什么很多人裸眼看到的是颜色更淡的黄色或绿色极光。虽然有些人在夜间色觉相对较强，但这也是极少数。不过，如果你来到极北地区，看到的是一场更为强烈的极光，那么你通常可以看到更多的颜色，包括红色和紫色。当然，你通过肉眼完全可以捕捉到极光的所有快速移动。

而调高相机的感光度，并增加相机的曝光时间，可以捕捉到极光中较暗的部分。尽管如此，亲眼欣赏一场极光仍是一件激动人心的事，可以列进每个人"人生必做"的清单。你永远不会忘记自己第一次见到极光的时刻。

至于亮度，非常明亮的极光很容易映亮湖面、海面或覆盖着白雪的地面景观，让水面或地面看上去一片绿色。但通常情况下，它们的亮度很弱。在高纬度地区，满月期间可以轻易看到极光（第 124 页的照片对于普通极光的肉眼观测效果做出了很好的呈现）。

另外一个最常见的问题是极光是否真的移动，以及移动的速度有多快。这要取决于极光本身。极光弧和极光带可能或多或少是固定的，而更活跃的条带状极光和帘幕状极光确实可以很快地移动和变换形状。大多数（但不是全部）极光的影像资料都在不同程度上进行了快放处理，在许多视频或延时影像中看到的极光运动也常常被夸大，但在最密集的极光爆发阶段，极光带确实可以非常迅速地穿越整个天空，光线帘幕形成极光光冕时所发生的运动几乎使人难以置信。

追寻极光最重要的是要有耐心，即使是在强极光的预报已经发布的情况下也是如此——北极光经常突然爆发。

天空可以迅速实现从波澜不惊到被绿色极光铺满的转变，整个过程只需要几分钟时间。之后极光会逐渐消失，整个过程会持续一两个小时，最后只剩下微弱的光线。但是，可能又会有新的爆发，所以最重要的是不要放弃，即便你已经苦苦等待了一两个小时。

‹　∧　两幅拍摄自同一场极光的照片，只相隔了 15 分钟，真的是一组美妙的图片

去哪里寻找南极光

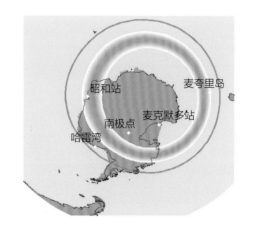

 南半球椭圆极光带覆盖的区域包括南极部分地区以及广阔的海域。因此，与北半球的极光相比，它更难被观测到 [资料来源于 Univ. of Alaska（阿拉斯加大学）]

 环绕南磁极存在一个类似的椭圆极光带，位于南极洲冰架内。由于该区域人迹罕至，因此见过南极光的人就更少了。关于南极光的第一份报告可以追溯到 1733 年，当时库克船长在一次远航中观察到了它。在强烈的极光活动中，南极光曾有几次向北移动，到达了澳大利亚南部、新西兰以及南美洲南端。

 观赏到极光的可能性取决于你的位置、一年中的时间以及太阳活动情况。你所在位置的天气状况以及其他因素，如城市灯光的干扰（光污染）和天空的黑暗程度同样会有重要影响。

 如果你是为了寻找北极光向北而行，最好的选择自然是前往北极光带周围的地区。只有在那些地方，你才有更大的机会看到北极光。观测北极光一般是在 9 月中旬到次年 4 月中旬。但是，如果你想要观测南极光，情况就不一样了。首先，主要可观测区域位于南极地区，气候极其恶劣，很难进行观测。其次，观测南极光与观测北极光的最佳时间段正好相反，你需要在北极地区的夏天，即 4 月到 9 月去南极洲旅行——那里那时正值冬天。

 南极光不像它的北方伙伴那么出名，很大程度上是因为南极光可观测区域少之又少。即使你在智利或阿根廷的南端，或是来到了马尔维纳斯群岛，你也与南极光最为强烈的椭圆极光带区域相距甚远。

▲ 在挪威南极科考站特罗尔站附近观测到的南极光［资料来源于 M. 奥夫斯特达尔（M.Ovstedal）］

地球之外的极光现象

其他行星上的极光现象

长期以来，我们都把极光看成是地球上独有的现象。不过现如今，我们已经发现其他行星上也存在极光现象。

火星上的极光

火星上的极光出现在地壳中的磁性岩石区域附近，而不是在两极附近的环形区域。这是由于火星上并不存在地球这样的全球性磁场。和火星类似，金星同样不具备遍布整个行星的磁场，但来自金星的闪光已被确认为是金星上的极光现象。

▶ 一位艺术家眼中火星夜间轨道上的"绿色"极光［资料来源于M.霍姆斯特伦/瑞典空间物理研究所（IRF）］

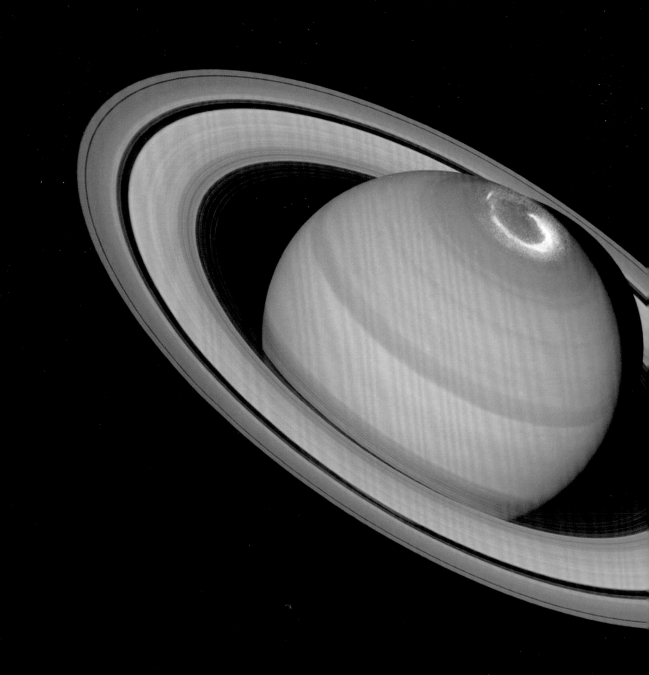

土星上的极光

土星上的极光的规模与地球上的极光不同，前者可以延伸到土星云顶 1000 千米（约 621 英里）的惊人高度。来自太阳风的带电粒子从土星上方掠过。实际上，人眼是无法观测到土星极光的，因为它所发射的光线存在于我们看不到的红外和紫外光谱中。我们需要借助太空望远镜才能观测到这些光线。

∧ 一幅合成的土星图像，由卡西尼探测器 2016 年观测到的土星真色图像与 2017 年 8 月 20 日观测到的土星北半球紫外极光伪色示意图合成（资料来源于 NASA/ 喷气推进实验室 / 太空科学研究所 /A. 巴德尔，兰开斯特大学）

< 哈勃太空望远镜捕捉到的土星极光（资料来源于 NASA）

木星上的极光

尽管木星上发现的一些极光在形成方式上与地球极光类似，但木星极光更多是由于木星磁场环境捕获了粒子而形成的。不同于土星的主极光环会随着太阳风的变化改变大小，木星的主极光环大小始终不变。这主要是因为它是由于自身磁场环境中的相互作用形成的。

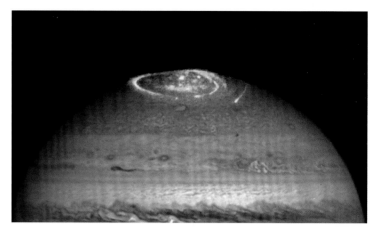

▲ 哈勃太空望远镜2014年拍摄的光学图像与2016年对极光的紫外线观测图相结合，形成了一幅合成图像（资料来源于NASA/ESA）

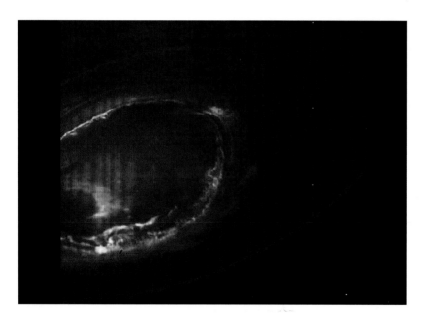

◁ 最近，美国国家航空航天局的"朱诺号"轨道飞行器已经抵达木星，并拍摄到了木星极地附近极光的一些惊人图像（资料来源于NASA）"朱诺号"的任务是探测木星构成成分、重力场、磁场以及极地磁圈

天王星上的极光

2011 年，哈勃太空望远镜探测到天王星上存在极光。与地球不同，这颗巨大的冰层行星上的极光似乎远离其北极和南极。这是由于天王星的主磁场与自旋转轴呈 59 度角。

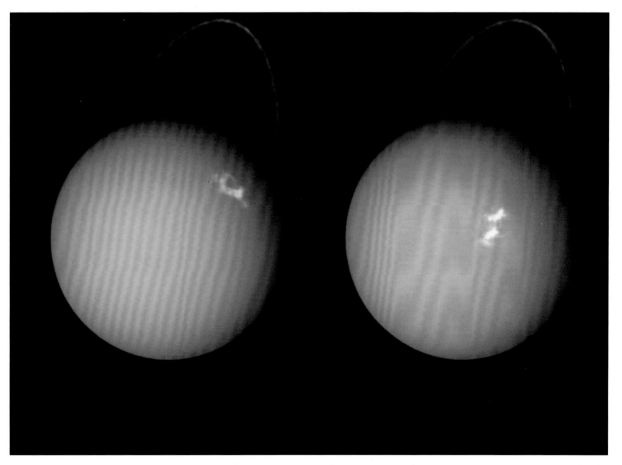

▲　由哈勃太空望远镜观测到的天王星极光，它们发生在天王星南半球靠近南磁极的地区（资料来源于 NASA）

卫星观测到的极光

　　卫星让我们有机会从整个星球的角度增进对极光，以及太阳风、磁层和大气之间相互作用的认识。美国国家航空航天局 1996 年发射的 POLAR 卫星，从太空角度对极光环带进行了长期观测。它收集到了许多不同波长的图像，让我们第一次有机会对极光环带的动力学变化进行全面观测。

　　通过卫星，你可以看到极光环在地球磁极上方缓慢移动。极光环同时出现在地球的南北两极。在地面上，你只能看到极光带的一部分。而在卫星图像中，你能够看到环带的中心并不在白昼一侧（橙色）和夜晚一侧的连线上，这是因为环带中心围绕的是地球磁极，而非定义了地球旋转轴的地极。

　　随后，IMAGE 卫星提供了太空中的极光更加清晰的整体图像。它于 2000 年发射升空，对太阳风和磁层的相互作用进行了观测。这颗卫星提供了大量极光带的图像。

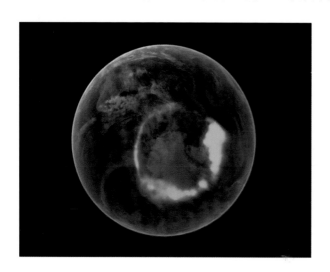

◁ 根据 2005 年 9 月 11 日 IMAGE 卫星拍摄的南极光合成的图。从太空看，极光是环绕地球两极的光环（资料来源于 NASA）

◁ "阿波罗 16 号"通过远紫外线相机拍摄到的微弱的极光环带（资料来源于 NASA）

　　人类先是进入了太空，绕地球旋转。后来"阿波罗计划"第一次把人类送上了月球。不过令人费解的是，早期宇航员们从未提及自己在环绕地球、往返地球与月球之间时，或是在月球上看到过极光。他们也没有拍到任何可见光的图像。而今天，我们却可以通过国际空间站获得大量极光照片。对此有几种合理解释，其中一个显而易见的事实是当今照相设备的灵敏度已经大大提高。而在"阿波罗计划"最初的年代，他们的老相机需要设置成可以避免因地球上的强烈光线而曝光过度（过曝）的模式，这也就使得他们无法记录微弱的极光。

　　而到了"阿波罗 16 号"运行期间，远紫外线相机便拍摄到了一些非常出色的地球照片——大气层发出的气辉，极光环在极地地区清晰可见。这是人类第一次在紫外线下拍摄地球，这样人们就能够看到整个氢气层、极光环以及我们所说的热带气辉带。

∧　国际空间站中的宇航员拥有俯瞰极光的极佳视野。在这里，你可以看到安静的极光率先从斯堪的纳维亚半岛北部向挪威南部、瑞典南部以及丹麦方向扫过（资料来源于 NASA）

今天，国际空间站中的宇航员们可以看到壮观的极光景象。在俯瞰这一神奇的光现象时，他们自然拥有最佳位置。他们可以从离地面 340 千米的高度俯瞰起始于距地面约 80 千米位置，延伸至 300 千米的极光。空间站轨道的倾斜角约为 51 度，这意味着每转一圈，他们都会向地球的南部和北部区域靠近。而当他们接近极地区域时，极光便会出现在视野当中。当极光活动微弱时，空间站中的人们可以看到它远远地从地球上方扫过；而当极光活动强烈时，其光线就位于空间站的正下方。

⋏　更强烈的极光会向南方移动得更远，能够在国际空间站下方被看到，右边的一小部分是太阳能电池板（资料来源于 NASA）

　　在上面这幅图片中，你可以看到通常呈红色弧状的极光是如何向上、向外延伸的。它们距离地面有几百千米。如果有机会以 100 千米／时的恒定速度从极光红色部分的顶部向下俯冲，你需要两小时才能到达极光的底部。

WOMEN DE JIGUANG
我们的极光

出版统筹：汤文辉
品牌总监：耿　磊
选题策划：耿　磊　霍　芳
责任编辑：霍　芳
美术编辑：刘冬敏
营销编辑：杜文心　钟小文
版权联络：郭晓晨
责任技编：王增元

图书在版编目（CIP）数据

我们的极光：十一堂魔力极光课 ／（挪）保罗·布雷克著；王扬译. 一桂林：
广西师范大学出版社，2020.9
　书名原文: Our Aurora
　ISBN 978-7-5598-3084-5

Ⅰ．①我… Ⅱ．①保… ②王… Ⅲ．①极光－青少年读物 Ⅳ．①P427.33-49

中国版本图书馆 CIP 数据核字（2020）第 144402 号

广西师范大学出版社出版发行
（广西桂林市五里店路 9 号　邮政编码：541004）
（网址：http://www.bbtpress.com）
出版人：黄轩庄
全国新华书店经销
北京博海升彩色印刷有限公司印刷
（北京市通州区中关村科技园通州园金桥科技产业基地环宇路 6 号　邮政编码：100076）
开本：889 mm × 635 mm　1/12
印张：12　　　字数：120 千字
2020 年 9 月第 1 版　　2020 年 9 月第 1 次印刷
审图号：GS（2020）3576 号
印数：0 001~8 000 册　　定价：58.00 元
如发现印装质量问题，影响阅读，请与出版社发行部门联系调换。